当代中国科普精品书系《航天》丛书

神舟巡天

编著◎刘登锐

广西人民出版社

图书在版编目（CIP）数据

神舟巡天 / 刘登锐编著 . -- 南宁：广西人民出版社，2011.11
（航天）
ISBN 978-7-219-07628-6

Ⅰ.①神… Ⅱ.①刘… Ⅲ.①飞行器 – 普及读物 Ⅳ.① P47-49

中国版本图书馆 CIP 数据核字（2011）第 221739 号

出版发行：广西人民出版社
地　　址：广西南宁市桂春路 6 号
邮　　编：530028
网　　址：http：//www.gxpph.cn
电　　话：0771-5523358
传　　真：0771-5523579
印　　刷：柳州五菱新事业发展有限责任公司印刷厂
规　　格：787mm×1092mm　1/16
印　　张：11.5
字　　数：226 千字
版　　次：2011 年 11 月第 1 版
印　　次：2011 年 11 月第 1 次印刷

ISBN 978-7-219-07628-6/V·4
定　　价：45.00 元

总　序

刘嘉麒

　　以胡锦涛为总书记的党中央提出科学发展观,以人为本,建设和谐社会的治国方略,是对建设有中国特色社会主义国家理论的又一创新和发展。实践这一大政方针是长期而艰巨的历史重任,其根本举措是普及教育,普及科学,提高全民的科学文化素质,这是强国福民的百年大计,千年大计。

　　为深入贯彻科学发展观和科学技术普及法,提高全民的科学文化素质,中国科普作家协会以繁荣科普创作为己任,发扬茅以升、高士其、董纯才、温济泽、叶至善等老一辈科普大师的优良传统和创作精神,团结全国科普作家和科普工作者,充分发挥人才与智力资源优势,采取科普作家与科学家相结合的途径,努力为全民创作出更多更好高水平无污染的精神食粮。在中国科协领导的支持下,众多科普作家和科学家经过一年多的精心策划,确定编撰《当代中国科普精品书系》。这套丛书坚持原创,推陈出新,力求反映当代科学发展的最新气息,传播科学知识,提高科学素养,弘扬科学精神和倡导科学道德,具有明显的时代感和人文色彩。书系由13套丛书构成,共120余册,达2000余万字。内容涵盖自然科学的方方面面,既包括《航天》、《军事科技》、《迈向现代农业》等有关航天、航空、军事、农业等方面的高科技丛书;也有《应对自然灾害》、《紧急救援》、《再难见到的动物》等涉及自然灾害及应急办法、生态平衡及保护措施;还有《奇妙的大自然》、《山石水土文化》等系列读本;《读古诗学科学》让你从诗情画意中感受科学的内涵和中华民族文化的博大精深;《科学乐翻天——十万个为什么创新版》则以轻松、幽默、赋予情趣的方式,讲述和传播科学知识,倡导科学思维、创新思维,提高少年儿童的综合素质和科学文化素养,引导少年儿童热爱科学,以科学的眼光观察世界,《孩子们脑中的问号》、《科普童话绘本馆》和《科学幻想之窗》,展示了天真活泼的少年一代对科学的渴望和对周围世界的异想天开,是启蒙科学的生动画卷;《老年人十万个怎么办》丛书以科学的思想、方法、精神、知识答疑解难,祝福老年人老有所乐、老有所为、老有所学、老有所养。

　　科学是奥妙的,科学是美好的,万物皆有道,科学最重要。一个人对社会的贡献大小,很大程度上取决于对科学技术掌握运用的程度;一个国家、一个民族的先进与落后,很大程度上取决于科学技术的发展程度。科学技术是第一生产力这是颠扑不破的真理。哪里的科学技术被人们掌握得越广泛深入,那里的经济、社会就发展得快,文明程度就高。普及和提高,学习与创新,是相辅相成的,没有广袤肥沃的土壤,没有优良的品种,哪有禾苗茁壮成长? 哪能培育出参天大树? 科学普及是建设创新型国家的基础,是培育创新型人才的摇篮,待到全民科学普及时,我们就不用再怕别人欺负,不用再愁没有诺贝尔奖获得者。我希望,我们的《当代中国科普精品书系》就像一片沃土,为滋养勤劳智慧的中华民族,培育聪明奋进的青年一代,提供丰富的营养。

序

田如森

半个世纪以前，自从人类进入太空活动以来，航天科技日新月异，迅速发展。航天科技的进步，使世界发生了巨大变化。航天，已成为一个国家科技进步，综合国力的象征，开启了一个新的时代。

1957年10月，世界上第一颗人造卫星上天运行，开辟了航天的新纪元。1970年4月，中国成功发射第一颗人造卫星，从而跻身于世界航天大国的行列。1961年4月，世界上第一位航天员乘坐宇宙飞船上天遨游，开创了载人航天的新时代。2003年10月，中国神舟五号载人飞船进入太空飞行，实现了中华民族的千年飞天梦想。1969年7月，美国阿波罗11号飞船把航天员送上月球，把空间探索活动推向一个新阶段。2007年11月，中国第一颗月球探测卫星嫦娥一号飞抵月球轨道拍回月球图片，迈出了中国深空探测的第一步。从突破运载火箭技术，到发射人造卫星、空间探测器和载人飞船、空间站、航天飞机等，航天科技攀登上一个又一个高峰。

目前，已有近6000颗不同功能的卫星挂上苍穹，为人类带来巨大的利益；已有近500人乘载人飞船和航天飞机到太空或进入空间站飞行，开创了天上人间的生活；已有近200个空间探测器造访地外星球，探索和揭开宇宙的奥秘。航天活动取得的巨大成就，极大地促进了生产力的发展和社会的进步，对人类生活的各个方面都产生了重大的积极影响。因此，人们也十分关注航天的每一轮新的发射和每一步新的进展。航天，不仅为广大成年人所热议和赞叹，而且更广受青少年的追逐和向往。

航天，已经逐渐为人们所知晓、所了解，但人们对它仍有神秘感，而且也确有一些鲜为人知的情况。《航天》丛书选择航天科技发展中的一些热点问题，分成10册，分别为《宇宙简史》、《走近火箭》、《天河群星》、《神舟巡天》、《到太空去》、《太空医生》、《太空城市》、《奔向月宫》、《火星漫步》、《深空探测》，更加准确、系统地揭示世界航天科技的最新进展和崭新面貌，让广大读者更加清晰地认识航天科技各个领域所取得的成就和发展前景。

浩瀚无垠的太空，正在和将会演绎许多神奇、诱人而造福人类的故事。广大读者会从这些故事中受到启迪，增长知识，吸取力量，创造美好的未来！

前　言

飞天，人类千百年来的梦想，经过几代人的拼搏奋斗，在20世纪60年代变成现实了。首先是航天员乘坐宇宙飞船升空飞行，然后航天员又走出飞船座舱到茫茫太空漫步，人不仅能在舱内从事空间科学实验工作，而且还能到舱外开展各种操作活动。"太空任我游"，人类小心翼翼地迈出地球摇篮，勇敢地进入太空遨游，为开辟人类自己的第四活动领域展现广阔前景。

航天飞机和空间站的面世，将载人航天活动推向一个新的高度。迄今宇宙飞船最多只能载3人，在太空飞行最多只有几天时间，而航天飞机一次可以乘载8人，太空飞行时间最长可达一个月，空间站则可容纳更多的人到太空长期飞行。航天员已经把太空作为人类活动的新场所，在那里建设着人类新的家园。

新世纪伊始，中国神舟号飞船启程，已先后3次把6名航天员送入太空飞行，杨利伟第一个造访太空，翟志刚第一个太空行走，太空中有了中国航天员的身影。中国载人航天技术跻身于世界先进行列，中国在世界载人航天活动中已经占有一席之地。

半个世纪以来，航天员从实现航天飞行到太空行走，从到太空潇洒走一回到能完成复杂的太空工程任务，展现出载人航天技术跨越发展以及对于创造人类新的生活所发挥的作用。本书选择若干实例，按照载人航天的脉络，介绍载人航天飞行和太空行走的重要事件和新的进展，让读者身临其境地领略和感受载人航天的魅力和风采。

宇宙飞船、航天飞机、空间站就犹如一艘艘神舟，不断载人到天河中遨游。神舟巡天，飞越苍穹，太空人来人往，构成一幅天上人间的和谐生活图景。

目　录

人类进入太空活动

自古以来，人类就怀有走出地球摇篮，飞上天空，再到广袤无垠的太空遨游的梦想。
20世纪初始，美国的莱特兄弟首次驾驶自制的飞机离开地面到空中飞翔，开辟了航空的新天地；20世界60年代伊始，苏联航天员加加林乘东方一号飞船进入太空轨道，在环绕地球飞行一周后安全返回地球，实现了人到外层空间活动，开创了载人航天的新纪元。

人上太空，最初靠的是用运载火箭发射的宇宙飞船，但飞船最多只能载乘3人，而且在太空飞行的时间较短，活动有限，只能使用一次。到20世纪80年代初，出现了运输能力大、技术更为复杂的航天飞机，可以多次使用，载乘4~7人，独立飞行时间最多可达20余天，扩大了人在太空的活动范围。为了在太空长期飞行，空间站又应运而生，而且从单舱段的空间站发展到多舱段的组合式空间站。这三大载人航天器各有所长，相互补充，交织成一幅载人太空飞行的壮观图景。

从1961年4月世界上第一名航天员乘东方一号宇宙飞船成功进入太空飞行，到2010年12月联盟TMA-20号飞船载3名航天员飞赴国际空间站活动，近50年间世界上已有511名航天员1130多人次进入太空遨游。航天员在太空停留的时间从最初的108小时到创造一次飞行438天、3次累计飞行727天和6次累计飞行809天的纪录。

人类不仅一年有多次发射载人航天器进入太空活动，而且已经兴起太空旅游热了。

1. 首航太空的宇宙飞船

宇宙飞船是第一种进入太空飞行的载人航天器。它具有飞行时间短（最长自主飞行为14天）、沿弹道式路径返回、一次性使用的特点。由于它在技术上易于实现、所需投资较少、研制周期也短，所以首先拉开了载人航天的帷幕，使人类实现了千百年的飞天梦想。

目前宇宙飞船分为卫星式飞船、登月飞船和行星际飞船。

世界上首先由苏联和美国研制发射成功卫星式载人飞船，至今俄罗斯载人航天仍在使用载人飞船。除俄罗斯以外，美国也在研制新一代载人飞船，欧洲空间局、日本也在研制新型载人飞船。

苏联的东方号和美国的水星号是第一代载人飞船。

东方号飞船采用两舱式，即由球形座舱和倒圆锥形服务舱组成。全长7.35米，总质量4.7吨，只能乘载1名航天员，最长飞行时间为5天。自1961年到

苏联东方1号飞船

1966年有6名航天员乘东方号飞船到太空遨游，其中包括第一位女航天员。最长一次飞行是环绕地球64周，共119小时零6分钟。

水星号飞船采用单舱式，长2.9米，底部直径1.83米，质量1.3~1.8吨，能载1名航天员。从1961年4月到1963年6月共发射6艘，其中包括两次亚轨道飞行，在太空最长一次飞行时间为2天。

苏联的上升号和美国的双子星座号是第二代载人飞船。

上升号飞船座舱内把弹射座椅改为3个座位，可乘3人；在座舱外增设了气闸舱，供航天员出舱使用；另外还加装了着陆缓冲用的制动火箭，总质量超过5吨。从1964年10月到1965年3月，只进行了2次载人飞行。

双子星座号飞船是圆锥——钟形，加大了

美国水星号飞船

密封舱容积，载乘 2 人。它具有轨道机动、交会
和对接能力，并能让航天员在轨出舱活动。从
1965 年 3 月到 1966 年 11 月，双子星座号进行
了 10 次载人飞行。

苏联的联盟号和美国的阿波罗号是第三代
载人飞船。

联盟号于 1976 年开始使用，由近似球形的
轨道舱、钟形座舱和圆柱型服务舱组成，总长 7
米，最大直径 2.72 米，太阳能电池翼展开宽 10 米，
重约 6.8 吨，可乘载 3 名航天员。这种飞船经历
了联盟、联盟 T、联盟 TM、联盟 TMA 的发展。
其中联盟型载人飞行 35 次，联盟 T 型载人飞行
14 次，联盟 TM 型载人飞行 33 次，联盟 TMA
型载人飞行 20 次。

阿波罗号是美国的登月飞船，由座舱（指令
舱）、服务舱和登月舱组成，其中圆锥形座舱是
航天员在轨飞行中生活和工作的地方，也是控制
中心和唯一回收的部件。阿波罗号能载 3 人，在
太空飞行时间 14 天，进行过 15 次载人飞行。其
中，1969 年 7 月至 1972 年 12 月，曾 6 次把 12
名航天员送上月球。1973 年 5 月至 11 月，3 次
将 9 名航天员送上天空实验室。1975 年，阿波
罗 18 号飞船载 3 名航天员升空，与苏联的联盟
19 号飞船载 2 名航天员在轨道上对接成功，完成了一次美、苏 5 名航天员的太空联袂
飞行。

苏联尚未安装气闸舱的上升 2 号飞船

迄今，俄罗斯的联盟 TMA 型载人飞船还在飞行，成为向国际空间站运送航天员的
主要交通工具。2010 年 10 月 8 日，又有一
艘联盟 TMA-01M 型飞船载 3 名航天员到国
际空间站的首次飞行。

联盟 TMA 型飞船乘载 3 名航天员，独
立飞行的设计寿命为 14 天，能在轨道上与
国际空间站对接后停留 200 天。飞船全长
6.98 米，最大直径 2.72 米，航天员活动空
间 9 立方米，总质量 7250 千克。太阳能电
池翼翼展 10.6 米，面积 10 平方米。

联盟 TMA 型飞船由轨道舱、返回舱、

美国双子星座号飞船

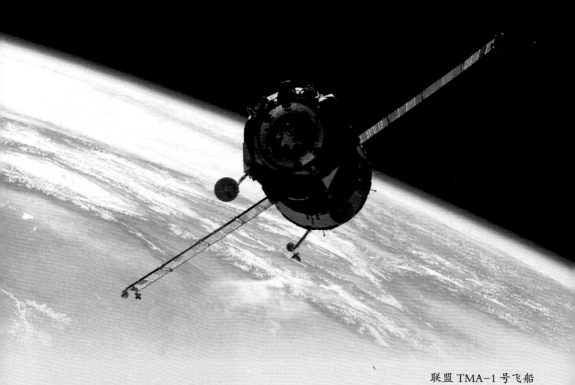

联盟 TMA-1 号飞船

仪器推进舱组成。轨道舱容积 6.5 立方米，装有对接装置、舱门和机动天线。它的一端通过压力舱门与返回舱相连。返回舱内装有座椅、生命保障系统、控制和显示仪表、着陆制动火箭、降落伞等。返回舱重 2900 千克，航天员活动空间 4 平方米，能将 50~150 千克的有效载荷送回地面。舱内的 8 个姿控发动机，在降落过程中可控制返回舱的姿态，着陆前 15 分钟停止工作，然后打开降落伞。仪器推进舱包括中间舱、仪器舱和动力舱。中间舱与返回舱相连，舱内装有氧气瓶、姿态控制发动机、电子设备、通信设备和控制设备；仪器舱内有飞船的主制导、导航、控制和计算机系统；动力舱内有推力系统、主温控系统、电池、与运载火箭的链接机构，舱外装有太阳能电池板。

　　联盟 TMA 型飞船的主要任务是：向国际空间站运送航天员和少量科学仪器、维修设备等物品；停靠在国际空间站上待命运送负伤或患病的航天员回到地面；运送到国际空间站上访问和轮换的航天员；运回一些轻小的有效载荷、科学实验成果和个人物品；处理国际空间站上的生活垃圾，将其带回再入大气层时烧毁。

　　2002 年 10 月 30 日首次发射联盟 TMA-1 号飞船，载第 6 长期考察组飞往国际空间站居留 5 个半月。2003 年 5 月 4 日返回地面时，着陆偏离预定着陆地点将近 500 千米，并与地面控制中心失去联系 2 小时，最后营救人员在阿尔卡雷克以北 90 千米的地方找到了返回舱。造成着陆偏离的原因是在飞船降落初期受到动力扰动，降落控制系统未能快速反应，返回舱以弹道式方式着陆，返回降落期间，由于一条天线被气流撕掉，其他两条天线在着陆时又不能张开，还有一条张开后指向地面，造成通信联络中断。为此，对联盟 TMA 型飞船做了改进，更改了对返回着陆飞船的跟踪方式，在整个弹道飞行沿线部署更多的搜索和营救的飞机和直升机，并在飞船上装备卫星通信系统，增加一条应急天线。此后到 2010 年，又发射了 19 艘联盟 TMA 型飞船和 1 艘联盟 TMA–01M 号飞船执行向国际空间站运送航天员和补给物品的任务，就再未发生过类似的事故。

阿波罗号飞船

2. 航天飞机进入太空航线

航天飞机是一种往返于地球和近地轨道之间运送航天员和有效载荷并可重复使用的载人航天器。它兼有运载火箭、卫星式飞船和飞机技术的特点，开辟了载人航天的一个新的技术领域。

苏联研制的暴风雪号航天飞机，用巨型运载火箭能源号发射，仅在 1988 年 11 月 15 日进行过一次不载人的试验飞行，就半途夭折了。

美国研制的航天飞机，实际上是把运载火箭和航天飞船结合为一体，成为一个不可分割的天地往返运输系统。

美国航天飞机由可回收重复使用的固体火箭助推器、不回收的外挂燃料贮箱和可多次使用的轨道器三部分组成。轨道器是航天飞机的主体，装在大型外挂燃料贮箱上，两台固体火箭助推器分别装在贮箱两侧，组成一个雄伟挺拔的巨型空间飞行器。1976 年一架名叫企业号的航天飞机轨道器研制成功，机身长 37 米，高 17 米，翼展 24 米，外形像一架大型民航客机。经过多次不载人和载人的试验飞行，特别是由两名航天员海斯和富勒顿进行挂机飞行，试验了航天飞机在大气层内飞行和返回着陆的性能。企业号的试验成功，为航天飞机的诞生开辟了道路。

1981 年 4 月 12 日，美国第一架航天飞机哥伦比亚号正式载人飞行，揭开了航天飞机时代的序幕。截至 2010 年底，在近 30 年间，美国一共有五架航天飞机进行了 132 次载人发射，共有 800 人次航天员进入太空飞行。其中哥伦比亚号飞行 28 次、挑战者号飞行 10 次、发现号飞行 38 次，亚特兰蒂斯号飞行 32 次、奋进号飞行 24 次。第一架航天飞机哥伦比亚号在 2003 年 2 月 1 日进入太空进行第 28 次载人飞行，2 月 16 日在返航途中发生爆炸解体，7 名航天员罹难；第二架航天飞机挑战者号在 1986 年

刚起飞不久的亚特兰蒂斯号航天飞机。棕色的是外贮箱，左右各有一个助推器，其上为轨道器。

在太空飞行的航天飞机轨道器，货舱舱门敞开着以便散热，其左舷安装有遥控机械臂。

准备发射的暴风雪号航天飞机

1 月 28 日进行第 10 次飞行，但发射升空 73 秒发生爆炸事故，7 名航天员罹难。这两架航天飞机失事后，经过认真调查找出爆炸原因和采取改进措施后，其他 3 架航天飞机又相继复航并继续飞行。

从 1995 年 6 月 27 日亚特兰蒂斯号航天飞机升空，到 1998 年 6 月 2 日发现号航天飞机上天，美国航天飞机与俄罗斯和平号空间站进行了 9 次载人联袂飞行，为共同建设国际空间站作了技术准备工作。

从 1998 年 12 月 4 日奋进号航天飞机发射，为国际空间站运送团结号节点舱开始，到 2010 年 5 月 14 日亚特兰蒂斯号航天飞机升空，为国际空间站运送重约 12.4 吨的备件，3 架航天飞机除了几次独立执行维修哈勃空间望远镜等飞行任务外，多数是运送轮换国际空间站的长期考察组乘员和各个预制组件，参加建设国际空间站的飞行。按计划，美国现役的发现号、亚特兰蒂斯号和奋进号 3 架航天飞机还将有 3 次飞行，在完成国际空间站的基本建设任务后退役。

3. 空间站载人长期飞行

空间站是接纳航天员到太空轨道上进行较长期工作和生活的航天器。它发射时不载人，也无需载人返回地面，靠宇宙飞船或航天飞机运送航天员和各种补给物品到站上维持正常的载人飞行。

美国只研制发射了一座称为天空实验室的空间站，完成了三批次载人太空飞行。1973年5月4日，天空实验室由土星5号运载火箭发射到435千米高的地球轨道上运行。它由轨道舱、对接舱、气闸舱、服务舱和太阳能电池板几部分组成，全长36米，最大直径6.7米，总重76吨，活动空间360立方米，共有6块太阳能电池板。从1973年5月至1974年2月，天空实验室在太空接待了三批9名乘阿波罗号飞船上天的航天员，他们分别在空间站上居留了28天、59天和84天，共载人飞行171天。1974年6月，天空实验室停止载人飞行后仍在太空自主运行，直到1979年7月12日才坠入大气层烧毁，在轨飞行2249天。

苏联/俄罗斯研制发射了7艘礼炮号和1艘和平号空间站，这三代8座空间站在太空存在了30年。礼炮1号到礼炮5号是第一代空间站。1971年4月19日升空的礼炮1号空间站，呈不规则的圆柱形，由轨道舱、服务舱和对接舱组成，总长12.5米，最大直径4米，总重18.5吨，舱外装有3块太阳能电池板，在太空运行的轨道近地点

在太空运行的礼炮7号空间站

200 千米，远地点 222 千米。它只有一个对接口，供联盟号载人飞船到站上对接飞行。礼炮 1 号空间站在轨道上只接待过两艘联盟号载人飞船，然后就处于无人运行状态，1971 年 10 月 11 日在太平洋上空坠落大气层烧毁。1973 年 3 月 4 日发射的礼炮 2 号空间站，由于出现故障，入轨 20 多天就失控坠入大气层烧毁。1974 年 6 月 25 日发射升空的礼炮 3 号空间站，

天空实验室

在太空接待了两艘联盟号飞船，其中一艘对接失败。礼炮 4 号空间站于 1974 年 12 月 26 日发射升空，也接待了两艘联盟号载人飞船，均获成功。1976 年 6 月 22 日发射礼炮 5 号空间站，先后有 3 艘联盟号载人飞船升空与之对接，载人飞行最长的一次达 109 天。

1977 年 9 月 29 日和 1982 年 4 月 19 日，先后发射成功礼炮 6 号和礼炮 7 号第二代空间站。它们的主要改进之处是增加了一个对接口，可以同时接纳一艘联盟号载人飞船和一艘进步号货运飞船到站上对接停靠，组成轨道联合体。这样既可以轮换航天员到站上工作，又增援补给了物资，延长了空间站的寿命，为航天员在太空长期生活创造了有利条件。礼炮 6 号在太空运行将近 5 年，共接待 18 艘联盟号和联盟 T 型载人飞船，有 16 批 33 名航天员到站上工作，累计载人飞行 676 天，1982 年 7 月 29 日结束无人自动飞行，进入大气层烧毁。礼炮 7 号在轨运行 8 年，共接待 11 艘联盟 T 型飞船的 28 名航天员到站上工作，累计载人飞行 800 多天，1990 年 2 月 7 日礼炮 7 号空间站完成飞行使命，坠入大气层烧毁。

第三代空间站和平号于 1986 年 2 月 20 日发射入轨。它是一个阶梯型圆柱体，实际上是一个基础舱，由工作舱、过渡舱和非密封的动力服务舱组成，全长 13.13 米，最大直径 4.2 米，质量 21 吨。它有 6 个对接口，前后两端对接口用于接纳联盟 TM 型载人飞船和进步 M 型货运飞船，4 个侧面对接口用来接纳对接各种专用实验舱。从 1987 年 3 月至 1996 年 4 月，历经 10 年，先后与量子 1 号、量子 2 号、晶体号、光谱号、自然号实验舱对接，整个和平号空间站组装完成，成为一个大型轨道联合体，总长 50

多米，总重达 123 吨。在边组装、边工作期间，共接待 28 艘联盟 TM 型载人飞船和 42 艘进步 M 型货运飞船，9 次与美国航天飞机对接飞行，共有 136 人次航天员到站上生活，开展了 1.65 万次科学实验活动，完成 23 项国际科学考察计划。和平号空间站在太空运行 15 年，2001 年 3 月 23 日成功地坠入南太平洋预定海域，结束了它的历史使命。

1993 年，美国倡议，联合俄罗斯、加拿大、日本、巴西和欧洲空间局 11 个成员国一起共同建造国际空间站。国际空间站由基础构架、12 个舱段、多个太阳能电池板组成。总质量约 453 吨，全长 108 米，宽 88 米，轨道高度平均 397 千米，居住舱容积 1217

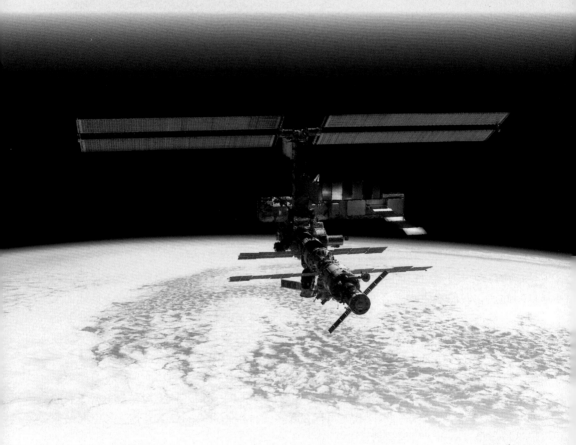

国际空间站

平方米，可容纳 7 名航天员长期居住和工作，最多时可接待 15 人在站上进行短期科学考察。

1998 年 11 月 20 日，俄罗斯研制发射成功国际空间站的第一个组件——曙光号功能舱，这个舱长 13 米，重约 10 吨，内部容积 72 立方米，是国际空间站的基础舱。同年 12 月 4 日，美国研制的团结号节点舱由奋进号航天飞机携带升空，团结号节点舱长

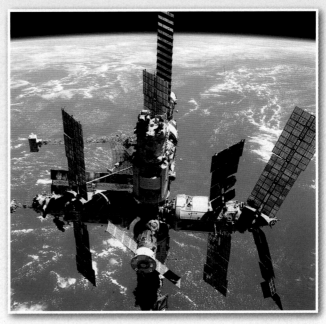

和平号空间站

6 米，直径 5 米，重 13 吨，有 6 个对接舱口，两天后与在太空的曙光号功能舱对接成功。美、俄两国的 6 名航天员参加两舱的对接工作，成为国际空间站的最初访问者。2000 年 7 月 12 日，俄罗斯的星辰号服务舱发射上天，7 月 25 日与曙光号和团结号轨道联合体对接成功，形成国际空间站的雏形，具备了接待航天员工作和生活的基本条件。从 2000 年 10 月 31 日第一个长期考察组乘联盟 TM-31 号飞船进站工作，到 2010 年底，由俄罗斯联盟 TMA 型飞船和美国航天飞机定期运送航天员和设备物资到国际空间站，已有 26 个长期考察组轮换到站上开展长期科学考察活动，而且国际空间站上先后增加了美国的中心桁架、命运号实验舱、探索号气闸舱、宁静号节点舱、太阳能电池板，俄罗斯的码头号对接舱、黎明号实验舱，欧洲空间局的莱昂纳多号后勤舱、和谐号节点舱、哥伦布号实验舱、瞭望塔号观测舱，加拿大的遥控机械臂，日本的希望号实验舱等组件，国际空间站的建设将大功告成，它将载人航天活动推向了一个新的高度。

和平号坠入南太平洋

4. 首次载人太空之旅

1961 年 4 月 12 日，苏联发射东方 1 号飞船，将世界上第一位航天员加加林送上太空遨游，开创了载人航天的新纪元。

世界上第一艘载人飞船东方 1 号是两舱结构，由座舱和服务舱组成，总长 4.41 米，最大直径 2.43 米，重 4725 千克。座舱活动空间 1.6 立方米，承载航天员 1 人，在轨最长时间 5 天。座舱是航天员工作、生活时乘坐的舱段，也是载航天员返回地面的部分，所以又称返回舱。该舱呈球形，重 2460 千克，内径 2.3 米。舱内有航天员座椅、手控装置、导航仪表、无线电通信设备、生命保障系统、着陆系统，还有科学实验仪器、摄影机、照相机，以及足够的水和食品。服务舱又称推进舱或设备舱，由一个短圆柱段和两个截锥体组成，最大直径 2.43 米，重 2265 千克。舱内装有遥测、

太空第一人加加林

轨道控制、姿态控制、变轨发动机及电源等。东方 1 号没有逃逸塔，救生采用弹射座椅和降落伞。

东方 1 号飞船发射用东方号运载火箭，这是一种二级液体捆绑火箭，由芯级、4 个捆绑助推器、级间段、整流罩组成。火箭全长 38.36 米，底部最大直径 10.3 米，起飞质量 287 吨，起飞推力 4002.5 千牛，可将 4.7 吨的有效载荷送入近地轨道。

在航天总设计师科罗廖夫的领导下，从 1960 年 1 月到 1961 年 3 月，用东方号运载火箭进行了 9 次发射飞船的飞行试验，全面考核了运载火箭和飞船的性能，最后两次试验用假人状态下的飞行和返回均获成功。但 1961 年 3 月 23 日在对飞船密封舱进行地面试验中，航天员邦达连科因舱内纯氧突然发生爆炸而被活活烧死，这是载人航天史上酿成的第一次惨祸。

1961 年 4 月 12 日早晨，总设计

加加林乘车前往发射场

在博物馆陈列的加加林乘坐的东方 1 号飞船

师科罗廖夫领导的发射小组护送航天员加加林到达哈萨克斯坦拜科努尔航天发射场。9 时 7 分，东方号运载火箭点火发射，将东方 1 号飞船送上 327 千米高的轨道，加加林乘坐飞船环绕地球飞行整一圈，

加加林和科马罗夫

10 时 55 分安全返回地面，在太空历时 108 分钟，完成了

《时代》周刊上的加加林

人类历史上首次载人太空飞行。加加林就这次人类历史上具有里程碑意义的航天飞行说："我受命进行的历史上第一次宇宙空间飞行，表明人类宇宙航行已经成为现实。宇宙航行不是某一个人或某一群人的事，而是人类在其发展中合乎规律的历史进程。"

5. 从亚轨道到轨道飞行

美国于 1958 年 10 月开始实施第一个载人飞船"水星计划"。这个计划分为两步：第一步用火箭专家布劳恩主持研制的红石号运载火箭进行载人飞船的亚轨道飞行；第二步用宇宙神 D 运载火箭进行载人飞船的近地轨道飞行。尽管美国的载人飞行计划差不多与苏联同时起步，但实现载人太空飞行却晚了一步。

美国航天员艾伦·谢波德

美国的第一代载人飞船水星号是单舱结构，外形呈圆锥形，高 2.9 米，底部直径 1.83 米，顶部直径 0.5 米。飞船包括逃逸塔在内，总长 7.92 米，总重 1.35 吨，海上溅落时为 1.12 吨，回收时为 1.09 吨。飞船上部的小圆柱体为天线容器，其下方的圆柱体为伞舱，下部圆锥体为座舱。座舱内只能乘坐 1 名航天员，设计飞行时间 2 天。

参加水星计划的七名航天员，史称"水星七杰"。

飞船上装有通信、姿态控制、供配电、热防护、环控生保和回收着陆系统，配置有座椅、手控装置、摄影机、降落伞、橡皮艇等设备。

宇宙神号火箭是水星号载人飞船绕地飞行的运载工具。火箭全长29.07米，最大直径4.786米，起飞质量117.93吨，起飞推力1610.26千牛。1959年发射了5次无人飞船，包括两次环地轨道飞行。

水星号飞船海上回收

美国在实现载人轨道飞行之前，进行了两次载人亚轨道飞行。1961年5月5日，美国在卡纳维拉尔角的肯尼迪航天中心用红石号运载火箭发射第一艘载人飞船水星3号，把航天员谢泼德送上187千米的高空，然后从空中落下，溅落到大西洋上，全部飞行时间只有15分钟22秒，航程486千米。水星3号飞船载人未进入地球轨道，只是一次亚轨道飞行。1961年7月21日，美国航天员格里索姆乘坐水星4号飞船升空，达到190千米的高度，飞行时间16分钟，航程488千米，返回舱溅落在大西洋，完成第二次亚轨道飞行。

美国航天员约翰·格伦

1962年2月20日，航天员约翰·格伦实现了美国的第一次轨道飞行。这一天的9时47分，格伦乘坐水星6号飞船由宇宙神号运载火箭发射升空，进入轨道绕地球飞行3圈，在太空历时4小时55分23秒，最后在大西洋海上溅落，安全返回地球。格伦从太空载誉归来时说："水星6号的飞行成功，只是一个开始。这只是一块基石，我们将在这块基石上建造更加雄伟的宇航事业。"

6. 世界上第一位女航天员

世界上第一位女航天员
瓦莲金娜·捷列什科娃

苏联的捷列什科娃是世界上第一个乘坐宇宙飞船遨游太空的女航天员。她是单独一人驾驶飞船完成了一次举世瞩目的航天飞行。

1963 年 6 月 16 日，捷列什科娃乘坐东方 6 号飞船升空，进入距地面 231 千米的太空轨道飞行。在太空，她十分高兴地向地面飞行控制中心报告："我是'海鸥'，我看见了美丽多姿的地球。这里看到的星星大极了，它们光芒四射，刺得人都睁不开眼睛了。"这位太空"海鸥"后来这样描述这一永远铭刻在心的事件："我没有想自己的家，也没有想是否能返回地球，我脑子里只装着未来 24 小时内担负着的使命和责任。当我在太空中看到无比壮观的地球时，真抑制不住内心的激动，我对它产生了深深的眷恋，于是我提出延长在太空逗留的时间，我的请求得到批准。最后，我绕地球 48 圈，飞行了 70 小时 50 分钟，航程 197 万千米。太空飞行短短的 3 天，是我一生中最幸福的日子。"

在这次飞行中，捷列什科娃的主要任务是研究宇宙飞行的各种因素对人体的影响，把对妇女的影响同对男子的影响作一比较。原定飞行 1 天，由于她自我感觉良好，经向地面控制中心请求，延长到了 3 昼夜。捷列什科娃兴奋得几乎没有一点睡意，不愿漏掉太空观测的任何一个细节，只想多看一些太空胜景，多做一些太空实验。她还与乘坐东方 5 号飞船早她两天进入太空的航天员贝科夫斯基在轨道上"并肩"飞行，两艘飞船在太空中最近相距只有 4.8 千米。捷列什科娃驾驶东方 6 号飞船以 2.8 万千米每小时的速度飞驰，每 86 分钟绕地球一圈。在同贝科夫斯基驾驶的东方 5 号飞船的编队飞行中，互相摄影，对地球表面、云层、月球、太阳及其他星球拍照，独立进行一系列医学、生物学和科学技术考察，完成了与男航天员在太空一样的工作。6 月 19 日，她驾驶飞船穿过稠密大气层，打开降落伞安全返回地面。

捷列什科娃报告发射准备完毕

捷列什科娃在这次飞行之后，与苏联第三位航天员尼古拉耶夫结婚，组成第一个航天员家庭。1964 年 6 月 8 日她生下一个女儿，这是经过太空飞行的女航天员在地球上诞生的第一个婴儿，表明航天飞行对人的生育没有任何影响。

7. 美国首次双人太空之行

1961年11月，美国开始研制载两名航天员的双子星座号飞船。飞船外形像个侧置的大漏斗，高5.7米，底部直径3米，顶部直径0.8米，重3.2~3.8吨。

双子星座号飞船为两舱结构，由座舱和设备舱两部分组成。

座舱在飞船前部，包括航天员座舱、降落伞舱。航天员座舱呈截锥形，高1.9米，底部直径2.3米，顶部直径1米，乘2名航天员。座舱为密封结构，设有两把弹射座椅，安装有显示仪表和手控装备。

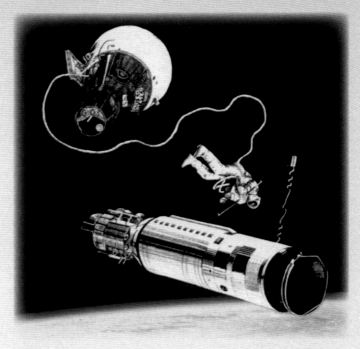

1966年7月，双子星座10号飞船航天员柯林斯飘出飞船，飞向"阿金纳"火箭的情景。

舱内还装有制导、通信、环控生保系统和食品等，航天员在舱内需穿航天服。降落伞舱内装有交会雷达、自动驾驶仪和减速伞、充气三角翼伞。

设备舱分为两段：上段安装4台制动发动机，下端安装有变轨发动机及燃料、无线电通信设备、燃料电池等。舱内还有10个小发动机，用来控制飞船在轨运行的姿态。飞船返回时，要抛弹设备舱。

美国用于发射双子星座号飞船的是大力神Ⅱ LV4运载火箭。它是由大力神导弹改装的，全长33.22米，最大直径3.05米，起飞质量148.3吨，起飞推力1912.7千牛，可把3620千克的有效载荷送上483千米高的轨道。火箭由一级、二级、级间段、仪器舱等组成。大力神Ⅱ LV4运载火箭第一级有两台各自独立的发动机系统，第二级采用单推力室发动机。火箭的制导、控制由主、副两套系统组成：主系统是由无线电制导系统、三轴基准系统、适配器、速率陀螺、自动驾驶仪等组成；副系统由

飞船在海上溅落

飞船惯性制导系统、速率陀螺、自动驾驶仪等组成。在飞行中出现任何单一故障时，两套系统可进行自动或手动切换，提高了飞行的可靠性。火箭还专门设计了全新的故障控测系统，可对燃料贮箱压力、发动机推力、飞行姿态进行监测和显示，然后根据故障性质决定切换主、副系统，或中止飞行作紧急返回，从而保证发射飞行的安全。

　　1964年4月和1965年1月，先后发射两艘不载人的双子星座号飞船进行飞行试验之后，1965年3月23日发射第一艘双子星座3号载人飞船，把两名航天员格里索姆和约翰·杨送上轨道，环绕地球飞行3圈，历时4小时46分钟。他们在太空飞行中，检查了飞船和人控制飞船的能力，完成了3项科学实验和拍摄地球照片的任务。

　　从1965年3月到1966年12月，双子星座号飞船共进行了10次载人发射飞行，全部获得成功。

航天员进行出舱活动

8. 联盟号三人首次联袂飞行

苏联的上升 1 号飞船就已载 3 名航天员进行了一次成功的太空飞行。但是由于上升号飞船的密封舱狭小，没有安装弹射座椅，又取消了应急段救生装置，硬挤上 3 人十分危险，所以上升号飞船第二次飞行就只载了 2 人，在匆忙地进行了太空行走试验之后，上升号的飞行计划就取消了。

苏联研制真正的 3 人飞船是联盟号，不再单独飞行，而是成为了空间站和地面联系的天地往返运载工具。

航天员在联盟号飞船模拟器舱内进行操作训练

联盟号飞船已改为三舱结构，由轨道舱、返回舱和服务舱组成，全长 6.89 米，最大直径 2.72 米，重 6650 千克，可居住空间 9 立方米，太阳能电池翼展 8.4 米。联盟号飞船的特点是：第一，飞船增加了自由活动空间，座舱容积加大，改进成轨道舱，容积达到 6 立方米，供航天员工作、生活和睡眠。舱内还设置了导航、控制、通信系统，放置了摄影、录像、电视设备以及空间实验、科学考察仪器。另外，在座舱和服务舱之间增加了一个钟形返回舱。第二，救生系统做了重大改进，增加了逃逸塔。第三，环控生保系统加大了容量，更适合航天员在太空长期生活和工作。第四，安装了太阳能电池帆板，总面积达 14 平方米。第五，变轨发动机增加至 12 台，一台主发动机出现故障，改用备份发动机仍能保证正常飞行。

联盟号飞船模拟器控制台

联盟号飞船用在东方号运

联盟1号宇宙飞船

载火箭基础上改进研制的联盟号运载火箭发射。这是一种二级液体捆绑式火箭。全长39.3米，芯级、助推器与东方号运载火箭相同。火箭起飞质量310吨，起飞推力4000.5千牛，可将7.2吨的有效载荷送入180千米高的圆轨道。

从1967年4月开始，联盟号飞船做了多次载1人的太空飞行，取得了经验。1969年1月15日，联盟5号飞船首次载3名航天员沃雷诺夫、叶利谢耶夫、赫鲁诺夫进入太空，完成了一次3昼夜的航天飞行。在这次飞行中，1月16日联盟5号飞船与1月14日由航天员沙塔洛夫单独驾驶上天的联盟4号飞船实现对接，它是两艘载人飞船的首次太空对接飞行。他们在完成科学实验任务后，叶利谢耶夫和赫鲁诺夫进入联盟4号飞船，随沙塔诺夫驾驶飞船于1月17日返回地面。叶利谢耶夫和赫鲁诺夫在太空飞行仅1日23时39分。而沃雷诺夫则于1月18日单独驾驶联盟5号飞船返回地面，在太空历时3日零54分。

9. 阿波罗号三人首飞成功

美国在双子星座号双人飞船之后，开始集中力量研制载 3 名航天员的阿波罗号飞船。1961 年 5 月 25 日，美国总统批准阿波罗登月计划，宣布"要在 10 年内把美国人送上月球"。

阿波罗号飞船由指令舱、服务舱和登月舱三部分组成。飞船总重约 50 吨，高约 16 米，连同逃逸塔高 25 米。

指令舱是飞船的指挥中心，也是航天员工作和生活的地方。指令舱呈圆锥形，高 3.5 米，底部直径 3.9 米，重约 6 吨。指令舱分为前舱、航天员舱、后舱。航天员舱为密封舱，中央并排放置 3 张航天员座椅，发射和返回时航天员必须躺在座椅上，其余时间可以离开座椅活动。舱内装有环境控制、生命保障、无线电通信系统，还有航天员生活 14 天的必需品和救生设备。前舱放置着陆、回收设备和姿控发动机；后舱有 10 台姿控发动机、计算机和导航控制系统。

正在吊装的阿波罗飞船指令舱－服务舱组合体

服务舱是圆柱体，高 7.6 米，直径 3.9 米，重约 25 吨。舱内安装有变轨发动机，姿控发动机等设备。变轨发动机用于轨道转移机动和变轨机动；姿控系统有 16 台姿控发动机，既用于姿态控制，也用于飞船与火箭分离、登月舱与轨道舱对接、指令舱与服务舱分离等。

登月舱高 6.9 米，宽 4.3 米，重 14 吨。它由上升段和下降段组成。上升段为登月舱主体，是登月中两名航天员生活和工作的地方，其顶部有圆形连接舱口和指令舱相通，前门舱口通到外面平台和扶梯，可供航天员出舱活动。下降段像一个八边形的箱子，由下降发动机、4 根着陆支架和 4 个仪器舱组成，在正面的支架上有平台和扶梯，航天员即由此出舱登上月球。

美国为发射阿波罗号飞船专门研制了土星 1、土星 1B、土星 5 号三种型号的运载火箭。土星 1

在月面着陆的登月舱

号用作阿波罗模拟飞船的运载工具，土星 1B 号则用作发射阿波罗号模拟实验舱和载人飞船。土星 1B 是两级运载火箭，全长 44 米，直径 6.55 米，起飞质量 587 吨，起飞推力 7297 千牛，低轨道运载能力达 18 吨。1968 年 10 月 11 日，它首次发射阿波罗 7 号飞船载 3 名航天员希拉、艾西尔和坎宁安到太空模拟了登月时必需的停靠与安全技术，检测了飞船所有系统的工作情况。这是阿波罗计划的第一次载人飞行。土星 5 号是三级火箭、全长 110.64 米，最大直径 10.06 米，起飞质量 2950 吨，起飞推力 33350 千牛。火箭低轨道运载能力达 139 吨，进入登月逃逸轨道的运载能力为 48.8 吨。1969 年 5 月 18 日，土星 5 号运载火箭发射阿

航天员在月面行走

波罗 10 号飞船，载 3 名航天员做了登月全过程的预演飞行。1969 年 7 月 20 日，阿波罗 11 号飞船载航天员实现了首次登月飞行。

航天员准备起飞

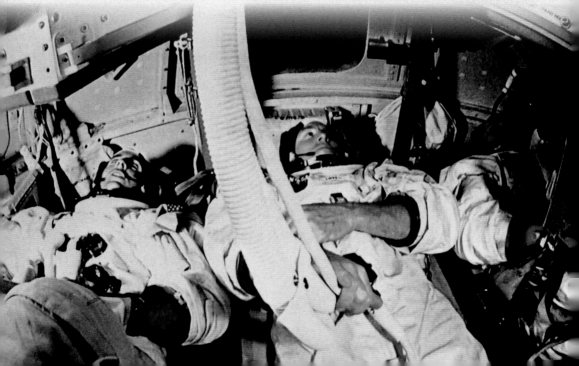

10. 苏美飞船五人太空握手

　　苏联和美国实现载人航天后，双方协商进行太空合作的问题。1972 年，苏美签署一项进行联合载人空间飞行的协议，商定 1975 年安排一次阿波罗号飞船和联盟号飞船的载人联合飞行。

　　这次联合飞行的对接相容性是主要的技术难题。经过多次商议，选择了两种飞船相互都能接受的测距、会合和对接装置，协调统一了通信和飞行控制方法，研制了通用的过渡密封舱和生命保障系统，发射"窗口"的选择满足双方飞船安全返回的要求。

　　苏联确定的联盟号飞船航天员是列昂诺夫和库巴索夫两人，美国确定的阿波罗号飞船航天员是斯坦福德、斯莱顿和布莱德 3 人。他们和双方的后备航天员一起，分别到休斯敦的约翰逊空间中心和莫斯科的加加林航天员培训中心进行训练，在联合训练中配合得很好。

飞船对接后航天员在紧张工作

　　1975 年 7 月 15 日 12 时 20 分，联盟 19 号飞船从拜科努尔发射场升空，9 分钟后顺利入轨。飞船绕地球 17 圈后，经轨道机动进入 225 千米高的圆轨道。它起飞 7 小时 30 分

最先见面的斯坦福德和列昂诺夫

钟后，土星 1B 运载火箭从卡纳维拉尔角的肯尼迪航天中心发射，把阿波罗 18 号飞船送入 149 千米 × 167 千米高的轨道，倾角与联盟 19 号飞船的相同，为 51.8°。阿波罗 18 号入轨 1 小时后，航天员开始执行调换位置和对接程序，完成了为对接作准备的调姿操作，妥善处理了探头——漏斗装置的导引对接问题。两天后的 7 月 17 日 16 时 9 分，苏、美两艘载人飞船在大西洋上空成功实现对接和联合飞行。

苏、美 5 名航天员在太空互访相会，热烈拥抱，交换纪念品。在联合飞行期间共做了 32 项科学实验，其中包括 5 项联合实验，有研究外层空间对生命组织细胞活动节律的影响、太空飞行对人体免疫系统的影响，测量地球高层大气中的原子氧和原子氮的浓度，研究失重的太空环境对结晶、对流和溶混过程的可行性及其应用等。在两艘飞船单独飞行期间，两国航天员分别进行了微生物生长、鱼胚胎发育以及生物医学、天体物理学等实验。他们在太空联合飞行了 16 小时 47 分钟，7 月 20 日晚分手，结束了联合飞行。

7 月 21 日，苏联两名航天员乘联盟 19 号飞船降落在哈萨克斯坦境内，在太空飞行总时间为 142 小时 30 分钟。7 月 24 日，美国阿波罗 18 号飞船载 3 名航天员溅落在太平洋上，在太空飞行总时间为 217 小时 28 分钟。这是苏、美两艘载人飞船的第一次也是唯一一次太空联合飞行。

苏美联合飞行的 5 名航天员（前排左起：斯莱顿、布莱德、库巴索夫。后排左：斯坦福德，右：列昂诺夫）

11. 空间站首次迎住航天员

目前，载人飞船只能载 3 人，单独在太空飞行最多不过 10 多天，它只是一种从地球运送航天员到太空作短期飞行活动的交通工具。为了让航天员在太空长期生活和工作，完成更多的航天应用任务，就必须研制一种能够容纳更多航天员长期在轨道上运行的空间站。这样，在苏、美两国的太空竞争中，1971 年世界上的第一座空间站出现了。

1971 年 4 月 19 日，苏联用质子号运载火箭将礼炮 1 号空间站送入 176 千米 ×211 千米的初始轨道。礼炮 1 号空间站由轨道舱、对接舱和服务舱三部分组成，呈不规则的圆柱形，全长 12.5 米，总质量 18.9 吨，装有 3 块太阳能电池板，总面积 71 平方米。轨道舱由两个圆筒体组成，小的直径 2.9 米，长 3.8 米；大的直径 4.15 米，长 4.1 米。它们之间用 1.2 米长的圆锥体连接。舱的前端安装导航系统、运动控制陀螺仪系统、电视监测检查系统、自动程序控制系统、试验控制系统、双重空间站定向和推进控制系统、显示器、计时器、恒星仪等；后端放置食品、

礼炮 7 号空间站

饮水、盥洗用具、运动设备、望远镜、照相机及其控制板。对接舱也叫过渡舱，直径 2 米，长 3 米，前方有一对接锥形套，用来接受联盟号飞船的对接探测器。它也用来充当气闸舱，上面有一个舱口，以便航天员出舱进行太空行走。服务舱直径 2.2 米，长 2.17 米，里面装有用于调整空间站姿态，保证它继续在轨道上运行的动力系统。

空间站发射时不载人，进入轨道正常运行后由载人飞船把航天员送上站内活动。礼炮 1 号空间站与联盟号载人飞船对接后全长 20 米，总质量 25 吨。实际上，礼炮 1 号空间站与联盟号载人飞船只有过两次对接试验飞行。

第一次是 1971 年 4 月 23 日，载有 3 名航天员的联盟 10 号飞船升空，两天后与在轨道上的礼炮 1 号空间站对接，但因空间站上的舱门打不开，航天员未能进入站内，4 月 25 日放弃飞行后返回地面。

第二次是 1971 年 6 月 6 日，联盟 11 号飞船载杜博罗沃斯基、沃尔科夫和巴查耶夫 3 名航天员升空，在距礼炮 1 号 100 米的地方靠近和对接，他们连接上两个航天器的电气系统和液压系统，经过压力调节打开舱门，相继进入空间站。3 名航天员在礼炮 1 号空间站上度过了 23 昼夜 18 小时 22 分钟，进行了天文观测、远距离对地面摄影、生物医学等科学实验活动。这是第一座空间站的首次住人长时间飞行。但令人惋惜的是，当 6 月 30 日联盟 11 号飞船载着 3 名航天员完成太空飞行返航时，由于返回舱的一个压力调节阀打开，舱内空气泄漏，气压迅速下降，导致 3 名航天员缺氧而窒息死亡，酿成一起航天惨祸。尽管如此，这次 23 天的太空飞行证明了空间站具有长期载人飞行的能力。

礼炮 1 号空间站在无人状态下飞行到同年 10 月 11 日自动坠落，在太平洋上空烧毁，它在太空生存了 174 天。

12. 航天飞机首次载人飞行

载人飞船是一次性的天地往返运输工具，而航天飞机则是一种可重复使用的天地往返运输系统。1972 年 1 月，美国总统宣布支持发展航天飞机空间运输系统，并把航天飞机正式列入研制计划。美国国家航空航天局确定的航天飞机设计方案是：航天飞机由可回收重复使用的固体火箭助推器、不回收的外挂燃料贮箱和可多次使用的轨道器三大部分组成。轨道器是航天飞机的主体，背在大型外挂燃料贮箱上，两台固体火箭助推器分别装在外挂燃料贮箱两侧，这样垂直竖立在发射台上的航天飞机，就像一只银白色的大鸟，棲身在一根大树干上一样，甚是雄伟壮观。

美国研制成功的航天飞机集中了火箭、飞船和飞机的技术特点，它既能像火箭那样垂直发射进入地球轨道，又宛如飞船那样在轨道上绕地球飞行，还能好似飞机一样再入大气层后滑行着陆。整架航天飞机长约 56 米，高 23 米，起飞质量 2040 吨，起飞推力 2800 吨，最大有效载荷 29.5 吨。每次最多载 8 名航天员，在太空飞行 3~30 天。它的固体火箭助推器每个长 45 米，直径 4 米，推力 1315 吨，在发射工

约翰·杨（左）和克里平

作完成后即在大西洋上溅落，回收后可再用20次；外挂燃料贮箱长47米，直径8米，内装供轨道器主发动机用的燃料，在把轨道器送上轨道后分离，并进入大气层烧毁；轨道器是载人部分，长37米，翼展23.7米，重68吨，除乘航天员外，运载各种科学仪器设备30吨。航天员在轨道器内可不穿航天服，执行各种不同的实验任务。

1977年，经过第一架轨道器企业号驮在波音747喷气运输机上的飞行、滑行和着陆试验，检验了它在低层大气中的飞行性能。1979年研制完成第一架作轨道飞行的航天飞机，原定1979年3月进行首次载人轨道飞行。但由于3台关键的大型氢氧发动机和防热层发生一些问题，发射日期一再推迟。好事多磨，直到1981年4月12日，恰好在世界上第一位航天员加加林上天飞行20年后的同一天，美国第一架航天飞机进入241千米高的圆轨道上飞行。

这一天，在肯尼迪航天中心聚集了上百万人目睹了第一架航天飞机发射的壮观景象。这次飞行的哥伦比亚号航天飞机载有指令长约翰·杨和驾驶员克里平两名航天员，他们检查了轨道器在轨道上的飞行性能，在打开货舱舱门后发现粘贴在后部的轨道机动发动机表面上有几片防热瓦脱落了，但其失落的部位不是再入时受到气动加热严重的地方，所以不影响它的返回。哥伦比亚号航天飞机环绕地球飞行36圈，历时54小时20分钟，于4月14日在加利福尼亚州爱德华兹空军基地的跑道上安全降落，受到20万参观者的热烈欢迎。从此，载人航天进入载人飞船和航天飞机并行竞争、相互补充的发展阶段。

哥伦比亚号航天飞机发射升空

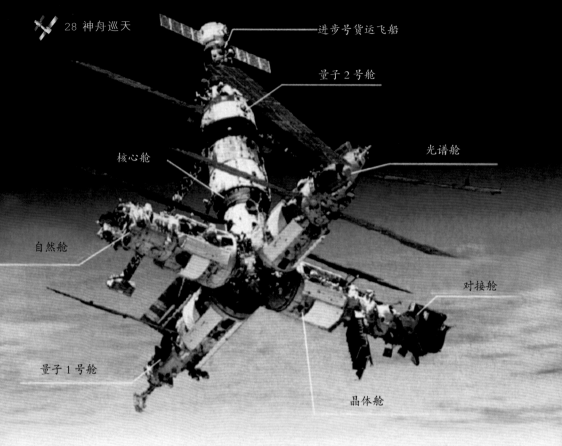

进步号货运飞船

量子 2 号舱

核心舱

光谱舱

自然舱

对接舱

量子 1 号舱

晶体舱

和平号空间站

13. 和平号首次载人长期遨游

苏联于 1986 年开始发射和平号组合式空间站,它具有功能多、寿命长、使用范围广、工作效率高等一系列优点。

1986 年 2 月 20 日,和平号空间站基础舱(核心舱)首先由质子号运载火箭发射入轨。基础舱长 13.13 米,最大直径 4.2 米,重 21 吨。它有 6 个对接舱口,除了可以对接载人飞船和货运飞船外,还可对接 5 个专业实验舱。从 1987 年 3 月到 1996 年的 10 年间,先后有量子 1 号、量子 2 号、晶体号、光谱号、自然号 5 个实验舱与基础舱对接,组成一个大型轨道联合体。它最初进入 167 千米 ×277 千米高的地球轨道,然后机动到 324 千米 ×340 千米的轨道上运行。

和平号空间站升空 20 天后,1986 年 3 月 13 日下午 3 时 33 分,苏联发射载有两名航天员基齐姆和索洛维约夫的联盟 T–15 号飞船,3 月 15 日下午 4 时 38 分,基齐姆从 60 米的距离上手控飞船与空间站在 332 千米 ×354 千米轨道上对接成功,比预定时间提早 12 分钟。两名航天员进入空间站,启动生命支持系统,开始测试站上设备,并等待进步 25 号货运飞船送来科学实验设备。3 月 19 日,进步 25 号货运飞船发射上天,3 月 21 日与和平空间站成功对接,给空间站送来 20 天的必需品,包括燃料、氧气、工具、胶卷、邮件、食品、200 千克水以及实验设备。这样支持基齐姆和索洛维约夫在太空居留了125 天。

首批入住和平号空间站的两名航天员，第一个星期的主要任务是对站上的 7 台计算机进行测试，使通信系统进入工作状态。然后继续从飞船上卸下运来的设备在站上安装起来，开展观测地球、栽培植物等一系列空间实验活动。最引人注目的是从 5 月 5 日到 6 月 25 日期间，基齐姆和索洛维约夫驾驶联盟 T–15 号飞船实现在和平号和礼炮 7 号两座空间站之间的太空转移飞行。

当和平号空间站和已在太空运行 4 年的礼炮 7 号空间站处在同一条轨道上，两者相距只有 1 分钟的路程时，基齐姆和索洛维约夫关闭了和平号空间站的各系统，并把联盟 T–15 号飞船上运往礼炮 7 号空间站的 500 千克设备包装好。5 月 5 日下午 4 时 12 分，基齐姆和索洛维约夫乘联盟 T–15 号飞船与和平号空间站分离，向礼炮 7 号空间站靠拢，此时两座空间站相距 3000 千米。联盟 T–15

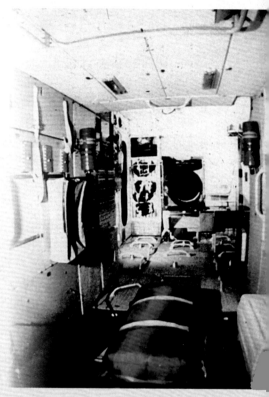

和平号空间站的工作区

号经过两次轨道机动，与礼炮 7 号空间站交会，5 月 6 日下午 8 时 58 分基齐姆手控飞船与礼炮 7 号空间站对接成功。5 月 8 日航天员开始启动礼炮 7 号空间站进行预定的实验。他们在礼炮 7 号上停留了 49 天，完成 175 次实验，拍摄了 3000 多张照片。6 月 25 日，才关闭礼炮 7 号和宇宙 1686 号轨道联合体的站上系统，转乘联盟 T–15 号飞船，携带 400 千克的设备和实验样品离开礼炮 7 号返回和平号空间站。直到 7 月 16 日，基齐姆和索洛维约夫才乘联盟 T–15 号飞船与和平号空间站分离，在苏联阿尔卡雷克东北 55 千米的地方着陆，完成了航天史上首次太空转移飞行。

中央指令控制台

14. 国际空间站首批常住居民

  1993 年，由美国在计划建造的自由号空间站和俄罗斯研制的和平 2 号空间站的基础上，联合加拿大、日本、巴西和欧洲空间局 11 个成员国共 16 个国家，决定联合建造国际空间站。这是一项跨世纪、规模宏伟、技术先进的载人航天工程。

  国际空间站采用大型桁架式结构，连接 36 个舱段和组件装配而成。一部分以俄罗斯研制的多功能货舱为基础，通过对接舱及节点舱，与俄罗斯服务舱、研究舱、生命保障舱，美国实验舱、居住舱，日本实验舱和欧洲空间局轨道舱对接，形成空间站的核心部分；另一部分是在美国研制的桁架结构上，安装加拿大的移动服务系统、舱外仪器设备和 4 副太阳能电池帆板。这样在太空轨道上装配的国际空间站总重达 423 吨，长 108 米，宽 88 米，密封舱容积 1202 立方米，可载 7 名航天员在站内长期工作，或容纳 15 名航天员在站内执行短期考察任务。

  1998 年 11 月 20 日国际空间站开始建设。俄罗斯用质子号运载火箭发射了第一个组件——曙光号功能货舱。这个舱长 13 米，直径 4 米，重 24 吨，内部容积 72 立方米，装有通信、导航、姿控、气候环境调节设备。它可提供国际空间站建造期间的电源、

星辰号服务舱（左）、团结号节点舱（中）与曙光号多功能货舱（右）

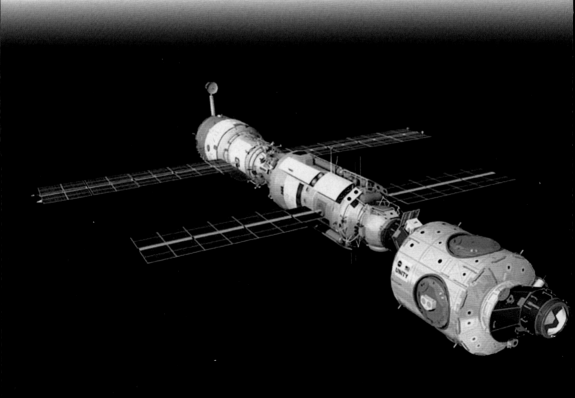

动力及对接装配服务。半个月后的 12 月 6 日，国际空间站的第二个组件——美国研制的团结号节点舱，由奋进号航天飞机携带升空，与曙光号功能货舱对接组成轨道联合体。团结号节点舱长 6 米，直径 4.6 米，自重 13 吨，设有 6 个对接口。两年之后，2000 年 7 月 12 日，国际空间

国际空间站的第一个国际长期考察组

站的第三个组件——俄罗斯研制的星辰号服务舱发射升空，14 天后与在轨运行的曙光号—团结号轨道联合体完成自动对接。星辰号服务舱长 13 米，宽 30 米，自重 19 吨，舱内装有航天员居住室、生命保障系统以及电力、通信、飞行控制、数据处理等系统。这三个舱段初步组成的国际空间站已具备了载人飞行的能力。

2000 年 10 月 31 日，国际空间站开始进驻第一批居民。在此之前的 9 月 8 日和 10 月 11 日，美国的亚特兰蒂斯号和发现号航天飞机曾先后载航天员到站上安装维修设备和运送生活物品，为迎接第一批居民到站上长期居留创造条件。国际空间站的第一批居民是 3 名航天员：俄罗斯航天员吉德津科、克里卡廖夫和美国航天员谢泼德，他们乘俄罗斯联盟 TM-31 号飞船到太空轨道，两天后的 11 月 20 日与国际空间站的星辰号服务舱对接。他们用了 90 分钟检查对接舱口的密封性能，在确认无误后才打开通向星辰号的舱门，然后进入国际空间站。

这时的国际空间站尚处于建设阶段，只有 3 个舱体，可容纳 3 名航天员工作和生活，但床位只有两张，另一名航天员还得自己找个空地方睡觉。美、俄 3 名航天员进站后，首先打开电灯，启动故障预警系统、供水装置和通信系统，建立起一个可供人长期居住的环境，然后又安装启动了制氧机、二氧化碳消除器和其他生命保障装置，并将对接一起的星辰号、曙光号和团结号各舱的电脑连成一体，开始进行医学、生物学、工艺技术等科学实验工作。他们搬运由进步号货运飞船和航天飞机运到空间站的仪器设备和生活必需品，并安放在相关舱室的预定位置。

国际空间站的第一个宇航长期考察组在太空居留了 141 天，完成了 23 项科学实验任务，直到 2001 年 3 月 21 日乘前去接他们的发现号航天飞机，向第二个宇航长期考察组交班后才返回地球之家。

15. 第一位太空遇难的航天员

苏联航天员科马罗夫于 1964 年 10 月 12 日，担任上升一号飞船指令长，和航天员费奥克季斯托夫、叶戈罗夫一起，首次参加航天飞行。这次飞行只在太空停留了 1 昼夜 17 分钟，试验了新型飞船的性能，考察了航天员相互配合，研究了太空各种因素对人体的影响。科马罗夫顺利完成了这次太空飞行任务。

苏联航天员科马罗夫

1967 年 4 月 23 日，科马罗夫单独驾驶联盟 1 号飞船第二次执行太空飞行任务。这次飞行是要进行两艘新型飞船的太空对接试验，由联盟 1 号扮演在月球轨道上飞行的轨道舱，后发射的联盟 2 号充当登月舱，为下一步载人登月开辟道路。联盟 2 号飞船准备载 3 人，由贝科夫斯基、叶利谢耶夫、赫鲁诺夫组成乘员组，同时选定加加林为联盟 1 号科马罗夫的替补航天员。

联盟 1 号和联盟 2 号两艘飞船发射原定相隔一天时间，利用"针刺"交会对接系统，由航天员手动操纵，实现对接飞行。科马罗夫乘坐联盟 1 号飞船发射顺利，他升空后自我感觉良好。但飞行到绕地球第 2 圈时，飞船左边的太阳能电池板没有打开，这意

事故现场

味着将没有足够的电力来校正航向去靠近将发射升空联盟 2 号飞船。科马罗夫操纵飞船使它的左边朝向太阳，试图打开太阳能电池板，但没有成功。飞行第 5 圈时，故障加剧，科马罗夫将右边展开的太阳能电池板朝向太阳，试图利用地平线作参照为飞船定向，但他的努力也未能奏效。到飞行第 13 圈时，科马罗夫向地面控制中心报告，他又做了几次努力，但还是没能排除故障。

在这种情况下，国家委员会决定取消联盟 2 号飞船发射，让联盟 1 号飞船提前返航。当联盟 1 号飞船进入第 17 圈飞行时，制导系统突然失灵，发动机制动开关未能启动，原因是飞船当时还处在地球的阴影处，进入了离子浓度过低的区域，影响到传感器的灵敏度，飞船返回操作失败。在飞船飞到第 19 圈时，科马罗夫接到地面指令，用手控调整姿态返回地面。正当科马罗夫准备返航时，地面控制中心又告诉他，飞船上的电力仅够用到第 21 圈飞行。这就是说，这可能就是返回的最后一个机会了。科马罗夫镇静下来，准确无误地完成各项操作，飞船调姿成功，制动发动机点火，联盟 1 号飞船开始返回降落，几分钟后再入大气层。科马罗夫向地面报告，他很快就要成功着陆了。

当联盟 1 号飞船向着奥伦堡州的预定地点降落时，赶往降落地点的伊尔 18 飞机接到报告说，飞船的回收降落伞已经打开，然后就失去了联系。科马罗夫在奥尔斯克以东 65 千米的地方着陆，显然他用手动操纵飞船返回地面，完成了几乎不可能做到的事。而可怕的灾难发生了：在飞船降落到 7 千米高度时，降落伞主伞顶部绳索缠绕，备用伞失灵，飞船以每小时约 150 千米的速度撞到地面，引起制动发动机爆炸，飞船烧毁，科马罗夫献出了自己的生命。

联盟 1 号飞船坠毁的时间是 1967 年 4 月 24 日上午 6 时 24 分，科马罗夫整个太空飞行历时 26 小时 47 分 52 秒。这是第一起航天员在太空飞行中牺牲的惨祸。

16. 第一位女教师航天员

1985 年，美国国家航空航天局实施一项"教师在太空"计划，从 1 万多名应征者中选出麦考利夫和摩根两位女教师进入航天员队伍。经过一年的严格训练，她们就将放飞太空了。

1986 年 1 月 28 日决定麦考利夫乘挑战者号航天飞机参加航天飞行，摩根则被

首位太空女教师航天员芭芭拉·摩根

摩根在搬运货物

指定为麦考利夫的替补航天员。麦考利夫作为 7 名航天员中的唯一一名中学女教师，其任务主要是通过电视给地面上 350 万中、小学生上两节太空课，第一节课介绍航天飞机太空旅行的见闻，第二节课讲述人类探索太空和太空飞行的价值。同时，她还将奉献给中小学生一部"太空日记"，以激发青少年向太空进军的志向和热情。

这次挑战者号航天飞机出师不利，5 次推迟发射时间。麦考利夫在起飞前对她的康科特中学学生们告别说："今天我们可要飞走了。如果我不回来教书，那一定是在那里出了问题。"殊不知，这一句戏言竟成了她的最后诀别之语。当天 11 时 38 分，麦考利夫搭乘挑战者号航天飞机点火发射，最初飞行正常。但飞到 60 秒时，从航天飞机右侧固体火箭助推器上喷出一股火焰，又过 10 秒后，在外挂燃料箱底部一侧突然喷出一个橙色小火球。当挑战者号飞到了 73 秒时，天空突然传来一声巨响，紧接着从航天飞机上窜出一团熊熊燃烧的大火。挑战者号航天飞机在空中爆炸成数不清的碎片，坠落到离发射场东面 29 千米的大西洋中。麦考利夫和其他 6 位航天员魂断太空，在载人航天史上写下了悲壮的一页。麦考利夫壮志未酬，为征服太空献出了自己宝贵的生命。

麦考利夫的未竟事业，由她的"替补"摩根担当起来了。

由于挑战者号航天飞机失事，"教师在太空"计划搁浅，摩根暂时离开航天飞行岗位，重返校园。但她坚信总有一天太空会有女教师的位置。两年后，发现号航天飞机经改进后恢复飞行，摩根又被召回继续参加航天训练，等待上天机会的到来。16 年后，2002 年 12 月，美国国家航空航天局宣布，摩根将作为女教师航天员乘奋进号航天飞机上天执行 STS-118 任务。

2007 年 8 月 8 日，摩根经过 22 年的执著努力，终于搭乘奋进号航天飞机成行，并进入国际空间站工作。她在太空开展了 3 次教学活动。8 月 14 日，摩根把国际空间站当做课堂，给地面上的学生们上了 25 分钟的课程。她根据学生的提问，在太空表演了拎起重物、从饮品袋中喝水等，回答在天上看星星是什么景色等问题。8 月 17 日，摩根接受地面新闻媒体的采访，回答地面学生们提出的问题。8 月 20 日，摩根和另外两名航天员共同回答了加拿大学生的提问，这些问题包括航天员的个头在太空是否会长高、微重力对骨密度会有什么影响、操纵加拿大制造的机械臂需要掌握哪些知识和训练等。摩根还把一些植物种子带上太空，返航后分发给不同年龄段的孩子们播种栽培，体验太空实验的成果。

摩根在太空进餐

其实，摩根已经从教师变成了专业航天员，她除了完成麦考利夫太空授课的遗愿外，还协助操纵机械臂、搬运货物、开展各种太空科学实验的工作。

2007 年 8 月 21 日，摩根在太空游历 13 天，航程 530 万千米，完美地结束了太空飞行，实现了她和麦考利夫共同的梦想。

第一位在太空牺牲的女航天员麦考利夫

17. 华裔航天员太空之行

美籍华裔科学家已有 4 人乘航天飞机到太空遨游，并参加了空间科学实验活动。

1985 年 4 月 29 日，挑战者号航天飞机升空飞行，太空首次出现了第一位华人航天员王赣骏的身影。王赣骏作为一位物理学家，到太空的主要任务是利用他自己设计的"液滴动力测定仪"开展零重力液体状态的实验工作，即利用太空失重环境，液体不装在任何仪器内，测试它表现的物理和化学性能特点。任何液体在太空失重环境都会自身凝结成液滴，这样就可以不需要容器而提纯或冶炼合金，从而得到理想的高度均匀的物质。王赣骏为这项实验准备了 10 年，但实验一开始出现了故障。他把测定仪几乎全部拆卸了一遍，在地面科学家的配合下，用了两天零 8 小时找到了故障症结是一条线路短路。他排除故障，抓紧时间，取得了实验的成功。这项在航天飞机舱内进行实验的结果，可应用于在太空制造高纯度的金属和非金属物质，在科学上具有重要价值。王赣骏这次在太空飞行 7 天，把一面五星红旗带上太空，表现了

王赣骏

他的一片赤子之情。

1986 年 1 月 12 日，第二位华裔航天员张福林搭乘哥伦比亚号航天飞机首次进入太空，和 6 名航天员一起进行了 20 多项科学实验，包括参与施放一颗通信卫星，1 月 18 日结束飞行。1989 年 10 月 18 日，张福林乘亚特兰蒂斯号航天飞机再次升空，除参加施放伽利略号木星探测器外，还开展了科学实验活动，包括收集臭氧层的数据，研究聚合物的加工，培植玉米和观察晶体生长情况，拍摄地球地貌，10 月 23 日从太空归来。1992 年 7 月 31 日，他再乘亚特兰蒂斯号航天飞机升空，在太空协助发射一颗尤里卡号卫星，进行了系绳

张福林

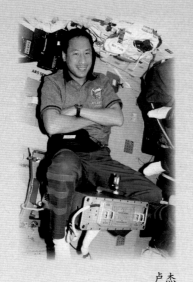

卢杰

卫星发电实验，8月8日返航。1994年2月3日发现号航天飞机起飞，张福林第4次参加航天飞行，2月11日返回地球，完成了12项医学、材料实验任务。1996年2月22日，张福林乘哥伦比亚号航天飞机第五次到太空飞行，参加绳系卫星发电实验未获成功，3月9日返回地面。1998年6月2日，张福林乘发现号航天飞机第6次升空，进行探测反物质和暗物质的实验，并参与和平号空间站的最后一次对接飞行，6月13日返回地面。2002年6月5日，张福林乘奋进号航天飞机第7次参加航天飞行，6月20日完成飞行任务。他是世界上参加航天飞行次数最多的航天员。

焦立中是第三位参加太空飞行的华裔航天员。1994年7月8日，焦立中乘哥伦比亚号航天飞机首次进入太空，进行微重力下液滴动力学的实验，7月23日载誉返航。1996年1月11日，他乘奋进号航天飞机再上太空，1月20日结束这次飞行。2000年10月11日，焦立中乘发现号航天飞机飞往国际空间站，参加第三次太空飞行，10月24日返航。2004年10月14日，焦立中担任第10长期考察组指令长，乘俄罗斯联盟TMA-5号飞船飞赴国际空间站，第4次执行太空飞行任务，2005年4月25日返回地面，完成一次192天19小时2分钟的长期航天飞行。

1997年5月12日，第四位华裔航天员卢杰乘亚特兰蒂斯号航天飞机升空，并与和平号空间站对接成功，5月24日返航。2000年9月8日，他再乘亚特兰蒂斯号航天飞机进入太空，给国际空间站上运去补给物品，为第一批入驻人员做好准备工作，8月20日结束这次飞行。2003年4月26日，他作为第7长期考察组成员乘联盟TMA-2号飞船，飞赴国际空间站长期工作，到10月28日才返回地面，创造了一次太空飞行207天的纪录。

焦立中

焦立中在空间站上工作

18. 太空游客的航天旅行

从 2001 年到 2009 年的近 10 年间，世界上已经有 7 位普通游客到过太空旅游了。

2001 年 4 月 28 日，美国 61 岁的富翁蒂托搭乘俄罗斯联盟 TM-32 号飞船，飞往国际空间站观光，成为世界上第一位太空旅游者。它在 8 天的太空飞行中，观赏太空风光，向地面介绍太空见闻，负责飞船的通信、导航和供电工作，参加一些科学实验活动。他说，他从中国上空飞过时看见了中国的河流和山脉，但没有看到长城，十分遗憾。蒂托于 5 月 6 日回到地球后说："这趟飞行很完美，实现了我的梦想。"

2002 年 4 月 25 日，南非 28 岁的富豪马克·沙特尔沃思搭乘俄罗斯联盟 TM-34 号飞船升空，到轨道上的国际空间站做了一次 10 天的太空旅行。他说："我的太空之旅有三个目的：第一，我想用自己的行动告诉所有的人，只要你愿意并付出努力，你就一定能行；第二，我想用自己的行动唤起所有南非孩子对神秘太空的求知欲，对航天事业的热爱；第三，我将受托在太空做 3 组科学实验，并拍摄一些珍贵的照片，我将从浩瀚的太空遥望自己的故乡，遥望我生活的地球。"在这次太空旅游中，沙特尔沃思参加对帕金森氏症、阿尔茨海默症和艾滋病治疗的有关实验，还研究了环保、全球气候变暖等课题。他说，他进行试验中最重要的一项，是寻找抗艾滋病疫苗，其中包括用蛋白质研制抗艾滋病疫苗，希望通过这些实验来提高人体器官的免疫力。沙特尔沃思还说，从太空眺望地球是他见过的最美的景象。

2005 年 9 月 30 日，美国科学发明家奥尔森乘俄罗斯联盟 TMA-7 号飞船，随第 12 长期考察组飞赴国际空间站。除了在太空观光外，他还协助操作氧气系统，进行遥感和红外天文学方面的试验，通过无线电与普林斯顿的学生进行对话，交流太空观感。他于 10 月 11 日返回地面。10 月 20 日，奥尔森来华参加"太空探险中国行新闻发布会"，介绍了他在太空的体验故事。

2006 年 9 月 18 日，世界首位女

沙特尔沃思

杂技演员拉利伯特

太空游客安萨里随国际空间站第 14 长期考察组一起，乘联盟 TMA-9 号飞船升空遨游。这位美国籍伊朗裔人于 9 月 20 日进入国际空间站后，受到站上 3 名航天员的欢迎。她在太空除拍照和摄影、写网络日志记录太空见闻外，还同地面的无线电爱好者进行直接交流，接受地面记者的采访。她协助进行了 4 项实验：研究太空辐射对人体的影响；研究国际空间站上的细菌的危害；研究航天员为何经常感到下背疼痛；研究人体造血系统在失重状态下的反应。9 月 22 日，她在回答地面记者的提问时说："我在太空奇妙的生活，甚至比我当初幻想的还要美好，我享受在这里的每一秒钟。所有的体验是那么美好，最迷人的时刻是我第一次看见地球，它在黑暗背景的衬托下显得如此美丽、安宁，这一时刻将永远刻在我的记忆中，不会忘怀。"

2007 年 4 月 7 日，美籍匈牙利裔查尔斯·西蒙尼乘俄罗斯联盟 TMA-10 号飞船前往国际空间站，完成了一次 13 天的太空旅行。西蒙尼是美国微软公司的富商，支付了 2500 万美元的太空旅费。他除到太空观光外，还受托参加日本和匈牙利提供的多项实验，如试用日本的高清晰计算机摄像头，检验其电荷耦合装置在太空环境中性能减退情况；携带匈牙利的放射量测定器上天，测量国际空间站内部的辐射数据。他本人还作为欧洲空间局的实验对象，研究人在太空飞行的适应情况，包括航天员太空飞行后患暂时贫血症，国际空间站内辐射对航天员的影响以及空间站内现存微生物的繁衍等。

安萨里

西蒙尼说："作为第 5 名太空游客，我有义务帮助国际空间站开展研究，参与实验。我希望，通过这些研究实验，我们能在人类永久定居太空方面取得更大的进展。"2009 年 3 月 26 日，西蒙尼搭乘俄罗斯联盟 TMA-14 号飞船前往国际空间站，第二次到太空旅游。他这次在空间站上最喜欢的活动是观察地球，学习识别地面特征，因为上次飞行没有太多的时间做这件事情。他说："这次飞行，我们多次途经欧洲大陆上空，于是我对照计算机查看所处的位置，希望自己能够通过眼睛直接识别出物体的特征，如城市、河流、人工建筑物等。上次飞行我还记得很多有趣的图像，但是并不清楚自己看到的地方是哪里。"4 月 8 日，西蒙尼返回地面，创造了私人游客两度飞上太空的历史。

2008 年 11 月 12 日，美国太空游客加里奥特随国际空间站第 18 长期考察组，乘联盟 TMA-13 号飞船进入太空飞行。加里奥特的父亲曾是两次飞上太空的航天员，他在国际空间站上作了10 天的太空观光旅游，担负了多项实验任务。加里奥特 10 多年前作过激光角膜切削矫正视力，这次正好在太空研究失重环境对其眼睛的影响，还研究太空生活对人类免疫系统的影响和人在太空中睡眠模式的改变情况，参与培育药用蛋白质的实验等。此外，他用 1200 万像素的数码相机代替他父亲当年使用的 35 毫米胶片相机，从太空中不同角度拍摄了大量地球图片。加里奥特于 11 月 24 日乘联盟 TMA-12 号飞船返回地面后表示："我想证明，非专业航天员也可以对科学研究作出贡献。"

2009 年 9 月 30 日，加拿大杂技演员拉利伯特成为世界上第 7 位太空游客，乘俄罗斯联盟 TMA-16 号飞船飞赴国际空间站观光旅游。这位被戏称为"太空第一小丑的加拿大人"，在国际空间站上观光期间，戴上小丑"红鼻子"道具，在零重力状态下与自己的孩子视频通话，在太空做了滑稽杂技表演，而且还在太空发起了"一滴水"基金活动，呼吁公众关注地球上日益减少的水资源。他于 10 月 11 日返回地面，结束了12 天的太空旅游。

哥伦比亚号航天飞机遇难的七名机组航天员

19. 航天飞机的两次惨祸

　　美国5架航天飞机从1981年4月到2010年5月，共飞行132次，其中有两次发生机毁人亡的惨剧。

　　第一次是1986年1月28日，挑战者号航天飞机升空爆炸，7名航天员不幸罹难，在载人航天史上留下了悲壮的一页。

　　这是挑战者号航天飞机的第10次飞行，载有7名航天员：指令长斯科比，驾驶员史密斯，飞行任务专家麦克奈尔、鬼塚、贾维斯、雷丝尼克（女）和太空女教师麦考利夫。在发射场有1000多名参观者观看发射，为7名航天员送行。当天早晨气温降到零下11摄氏度，研制人员担心航天飞机固体火箭助推器上的O型密封圈能否经受住严寒的考验，因为在此之前的航天飞机24次飞行中有13个O型密封圈受到损坏，如果气温继续下降，O型密封

哥伦比亚号航天飞机在空中解体

圈将会失效。这种只有 7.1 厘米直径的硫化橡胶密封圈成为影响航天飞机安全的重要部件。发射时一切顺利，航天飞机上两千多个传感器测得的数据均未发现任何异常。但当挑战者号升空 59 秒时，从右侧固体火箭助推器的尾部冒出一股烟雾，71 秒时外挂燃料贮箱底部出现一缕橘红色火焰，73 秒时航天飞机凌空爆炸。这次惨祸的始作俑者正是 O 型密封圈失效所致。这次航天史上最大的惨

挑战者号凌空爆炸

剧发生后，在发射场的参观者和电视机前的观众都惊呆了，许多人失声痛哭。这一噩耗使全世界为之震惊，人们以各种各样的方式悼念罹难的 7 名航天员。

2 月 3 日，美国总统命令成立挑战者号爆炸调查委员会，派出飞机和舰船进行了两个半月的打捞调查工作。在航天飞机爆炸碎片散落的海区，共打捞出近 38 吨残片，其中包括一块长 6 米、宽 3 米、重 1800 千克的固体火箭助推器残骸，上面有一个长 0.6 米、宽 0.3 米的洞。调查委员会确认它是逸出的火焰烧蚀而成的。调查结果表明，这次挑战者号失事的直接原因就是由固体火箭助推器上的 O 型密封圈遇冷后失去弹性，在连接处弯曲变形，使密封圈移位失去作用，火焰通过连接件烧穿钢制外壳，最终酿成惨祸。这是载人航天史上一次严重的教训。

另一次是 2003 年 2 月 1 日，哥伦比亚号航天飞机在完成任务返航途中爆炸解体，又有 7 名航天员壮烈牺牲，再为航天飞机的飞行敲起了警钟。

这是哥伦比亚号航天飞机的第 28 次飞行，所载 7 名航天员是指令长赫斯本德，驾驶员麦库尔，飞行任

美国的悼念人群和花环

务专家布朗、安德森，女航天员克拉克和乔娜，以色列第一位航天员拉蒙。他们乘哥伦比亚号航天飞机于 1 月 16 日升空飞行，在 16 天的太空飞行中进行了 80 多项实验，其中包括中国北京景山学校学生搭载的"蚕在太空吐丝结茧"实验，蚕蛹已从蚕茧中孵化出来，开始在失重环境下发育，状况良好。2 月 1 日，哥伦比亚号返航，由于在升空时其左翼掉下的一块长 1 米的碎片击中机上的防热瓦埋下祸根，在进入大气层时航天飞机的左翼前缘防热瓦受损形成的空洞，导致超高温气体进入，最后在美国得克萨斯州上空约 6 万米的高处解体坠毁，而此时仅差 16 分钟哥伦比亚号就将降落到地面，可是却突然发生了无法挽回的事故。

美国国家航空航天局局长在悼念仪式上说："这些航天员都具有他们从事的职业所需要的胆略和本领。他们中每一位都知道，重大的贡献必然伴随着巨大的风险，然而在探索太空的道路上，他们每个人都情愿甚至乐于承担这样的风险。对于他们 7 位来说，这实现了他们的梦想。"

挑战者号航天飞机遇难的七名机组人员

打捞航天飞机残骸

20. 女航天员的太空飞行纪录

康达科娃

从 1963 年 6 月世界上第一个女航天员捷列什科娃乘飞船到太空单独飞行，到 2010 年 6 月美国女航天员沃克乘联盟 TMA-19 号飞船到国际空间站上居留近半年，47 年间共有 54 名女航天员进入太空活动，创造了一次飞行从 3 天到 195 天的太空飞行纪录。

俄罗斯女航天员康达科娃曾两次进入太空飞行，第一次飞行中创造了太空生活 169 天的纪录。

1994 年 10 月 4 日，康达科娃作为随船工程师，同俄罗斯指令长维克多连科、德国航天员默博尔德一起，乘联盟 TM-20 号飞船升空，到达和平号空间站上飞行。康达科娃要和两名男航天员在同一座空间站上生活近半年，需要创造一些特殊的条件。每个航天员每天在太空需消耗 2.5 升水，而医生建议每天多给女航天员 1 升温水，容许康达科娃额外使用一个专用浴盆和专用卫生间，准许康达科娃随身携带一些化妆品，如香水等。这些生活上的问题都有所改善和安排，不影响康达科娃与男航天员一起长期在太空工作。康达科娃以她的随和、诚恳和善良，为空间站上的工作创造了轻松和谐的氛围，把空间站变成了一个温馨的家。在此之前，女航天员在太空停留的时间最长未超过 15 天，而康达科娃直到 1995 年 3 月 22 日才离开空间站返回地面，在太空生活了 169 天。康达科娃把自己作为研究对象的实验表明，妇女不仅能适应太空的失重环境，而且长期太空飞行对女性也没有太大影响。她说："在人类征服太空的进程中，妇女同男人相比毫不逊色。"这次飞行的指令长维克多连科这样评价说："康达科娃在太空可以胜任最复杂的工作，她天生就是搞机械工程的材料，她太能干了。"

美国女航天员露西德参加 5 次太空飞行，其中第 5 次太空飞行又创造了 188 天的新纪录。

1996 年 3 月 22 日，露西德和另一名女航天员戈德温一起，参加由指令长奇尔顿率领的 7 人乘员组，乘亚

香农·露西德

特兰蒂斯号航天飞机升空，23 日与在高 395 千米轨道上的和平号空间站对接，一同进入和平号与两名俄罗斯航天员会合，进行了 9 天的联合飞行。3 月 27 日，露西德协助戈德温和另一名航天员克利夫德在空间站外安装 4 个实验箱，试验了新的安全绳和固定平台。3 月 31 日，亚特兰蒂斯号航天飞机载 6 名航天员离开和平号返回地面，露西德继续留在空间站上管理食品供应和供热系统，并与两名俄罗斯航天员一起开展长达 5 个多月的太空科学实验活动。

露西德在和平号上度过了 188 天

在和平号空间站上，露西德有 28 项独立实验任务。每天早晨 8 时起床，晚上 10 时或 11 时睡觉，其他时间大部分用于做实验。第一项实验是观察 30 只受精鹌鹑蛋胚胎的发育情况，为在太空孵出小鹌鹑取得经验。第二项是进行小麦栽培实验，露西德看到小麦开始抽穗但尚未成熟收获。第三项是利用一种专门装置进行熔化和扩散实验。其他还有拍摄地球照片，观测地球表面发生的森林火灾等。1996 年 9 月 18 日，美国亚特兰蒂斯号航天飞机又飞抵和平号空间站，露西德向接替她的美国航天员布莱哈交接工作后，告别了她在太空生活了半年时间的和平号空间站，于 9 月 26 日结束了这次创纪录的太空飞行。她在返回地面后说："我在太空飞行中了解到，长期在太空飞行是一件能够办得到的事情，重新适应地球上的生活比我原来预料的要容易得多。"

2006 年 12 月 9 日乘发现号航天飞机升空的美国女航天员威廉姆斯，飞赴国际空间站，成为国际空间站的第 14 长期考察组成员。直到 2007 年 6 月 22 日换乘亚特兰蒂斯号航天飞机返回地面，在太空持续居留 195 天，又打破了美国女航天员露西德创造的女性太空持续飞行时间纪录。6 月 16 日，在威廉姆斯太空飞行超过露西德保持的 188 天纪录时，地面控制中心就向她表示祝贺说："现在你在太空每过一秒，都在创造新纪录。"威廉姆斯回答说："我只是幸运罢了，在一个正确的时间出现了一个正确的地点，即便空间站偶尔出点小问题，这里依旧是生活的好地方，能给人留下奇妙的回忆。"6 月 20 日她在即将返航前告诉地面上的媒体记者说："当你在某个地方待了 6 个月，那就成了你的家，让你难以割舍。"这次创纪录的长期太空飞行，真让威廉姆斯难以忘怀，留恋难舍。

波利亚科夫在和平号上创下连续飞行最长时间的纪录

21. 航天员太空最长时间飞行

航天员第一次太空飞行只有108分钟，乘飞船上天飞行最长达到17天，乘航天飞机上天飞行最长达到18天，而有了空间站后，航天员太空飞行从最初的23天延长到438天，载人航天不断创造新的纪录。

苏联航天员季托夫和马纳罗夫首创太空飞行整一年的纪录。

1987年12月21日，苏联发射联盟TM-4号飞船，载3名航天员季托夫、马纳罗夫和列夫钦科升空，与和平号空间站在轨道上对接飞行。12月29日，列夫钦科随在站上生活了326天的罗曼年科和生活了160多天的亚历山大罗夫一起乘联盟TM-3号飞船返回地面，季托夫和马纳罗夫继续留在空间站上工作。他们在太空接待了3艘载人飞船9名航天员来站上联合开展科学实验活动，还有6艘货运飞船给他们运送来各种补给物品和实验设备。他们在站上的温室里种植小麦、棉花、亚麻等植物，观察在太空出芽、发育、开花、结籽的全过程；他们制造半导体晶体，获取了超纯度生物活性物质，如医学上用的酶、激素、抗生素等；他们还用仪器记录了航天员在太空的身体和心理对失重的反应情况，在太空拍摄了1.2万张地球表面照片。1988年12月21日季托夫、马纳罗夫平安返回地面，在太空居留365日22时39分。他们在太空举行的记者招待会上说："我们已经积累了长期飞行的经验，证明人是可以长期在太空生活的，如果需要，我们还可以在太空比原计划多工作一段时间。"

俄罗斯航天员波利亚科夫参加过两次航天飞行，第一次太空飞行历时239天，第二次创造了太空飞行438天的纪

季托夫、马纳罗夫和列夫钦科

录。

　　1994年1月8日，波利亚科夫和航天员阿法纳西耶夫、乌萨乔夫一起，乘联盟TM–18号飞船升空，第二次参加太空飞行。他在和平号空间站上先后接待了3艘载人飞船的8名航天员到站上进行科学考察，一共完成950次医学、生物学等实验，获得丰硕成果。波利亚科夫说："我们证明了人能够在宇宙空间停留这么长时间，并且保持身体健康和工作能力。"1995年3月22日，波利亚科夫在太空居留438天之后，乘联盟TM–20号飞船返回地面。他着陆后自主出舱，第二天就能在星城航天员培训中心的湖边散步。他说："我的经历表明，人不仅能经过长途太空飞行到达火星，而且能在火星上着陆后马上投入工作。"

　　俄罗斯航天员阿乌杰耶夫创造了三次累计太空飞行近747天的纪录。

　　1992年7月27日，阿乌杰耶夫参加第12基本乘员组，乘联盟TM–15号飞船升空，7月29日进入和平号空间站，安装晶体号实验舱的辅助天线和从站外取回长期放置的实验材料样品，研究空间环境对各种结构材料的影响，借助电子仪器观测非密封舱内结构材料样品的变化。1993年1月27日返回地面，完成一次189天的太空飞行。

　　1995年9月3日，阿乌杰耶夫乘联盟TM–22号飞船上天，并进入和平号空间站，参加了700多项科学技术和医学实验，1996年返回地面。他的第二次太空飞行时间为178天。

　　1998年8月13日，阿乌杰耶夫参加第26基本乘员组，乘联盟TM–28号飞船入轨，并进入和平号空间站，进行安装太阳能电池板和科研装置、铺设电缆、栽培小麦、制取砷化镓半导体晶体材料等的实验工作。1999年8月28日完成任务后返回地面。这次在太空居留了378天。

　　俄罗斯航天员克里卡廖夫从1988年11月到2005年4月共参加6次航天飞行，在太空生活累计时间达到809天，又刷新了阿乌杰耶夫创造的437天的太空飞行时间最长的纪录。

中国航天员

二、中国实现飞天梦想

　　在世界上第一位航天员上天 42 年之后，中国实现了载人飞天的梦想，成为世界上第三个独立掌握载人航天技术的国家。杨利伟是世界上第 431 位进入太空的航天员。

　　早在 20 世纪 60 年代，当苏、美两国先后打开进入太空的大门后，中国"航天之父"钱学森主张"把载人航天的锣鼓敲起来"。1966 年航天部门召开规划讨论会，提出在返回式卫星研制成功后发展载人飞船的规划设想。1968 年 1 月，第一艘载人飞船总体方案讨论会提出了研制曙光一号载人飞船的意见。1970 年 4 月，展出了曙光一号飞船的全尺寸模型，全国 80 多个单位的 400 多位专家参加讨论了曙光一号飞船的总体方案。7 月，中国载人飞船称为 714 工程，研制工作启动，航天员的选拔训练也着手开展起来。

　　但是，由于"文化大革命"的动荡局势，经济上、技术上也有一定困难，中国决定在航天技术领域把精力集中到搞应用卫星上来。1975 年 3 月，载人飞船工程下马，载人航天任务暂时尘封起来。

　　时间又过了 10 年，中国的运载火箭技术取得了重大发展，不仅能成功发射返回式卫星，而且还能把通信卫星送上 36000 千米高的地球静止轨道运行。1985 年 7 月，中国科学家召开首届太空站研讨会，重新提出了发展载人航天的问题。1986 年国家制定"863"高科技计划，把载人航天列入国家重点发展任务。

　　1991 年 3 月正式提出《中国载人航天发展战略》研究报告，11 月完成载人飞船的立项论证报告。1992 年 1 月，中央正式确定实施载人航天工程。10 年后，2003 年 10 月，中国第一艘载人航天飞船升空，拉开了中国人遨游太空的序幕。

1. 发展载人航天的意义

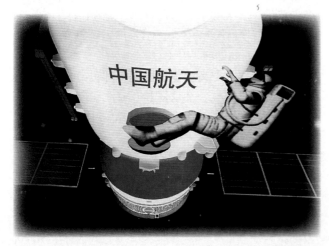

出舱活动

中国载人航天工程分三步实施，一步一步攀登载人航天的高峰。

第一步，以载人飞船起步，把航天员安全送入地球轨道，进行一些对地观测和科学实验，并载航天员安全返回地面，突破载人航天技术，实现载人太空飞行。

第二步，攻克航天员出舱活动、空间交会对接两项关键技术，发射自主飞行、短期有人照料的空间实验室，建成完整配套的空间工程大系统，解决一定规模的空间应用问题。

第三步，建造长期有人照料、短期自主飞行的大型空间站，载人开展大规模、长时间开发太空资源的活动。

中国为什么也要发展载人航天技术，到太空占有一席地位？

第一，开发利用空间环境资源。太空的特殊环境和条件是人类可以利用的重要资源。浩瀚无垠的太空具有的高远位置、高真空、高洁净、无污染、微重力、强辐射等，是地球上所不具备的极其宝贵的资源。这种得天独厚的太空环境对发展空间工业有着远大的开发前景。有人参与的太空活动，才能更有效、更充分地开发和利用这些空间环境资源。

第二，促进科技进步和高新技术产业的发展。载人航天是高科技密集的综合性尖端科学技术，集中了现代科学技术众多领

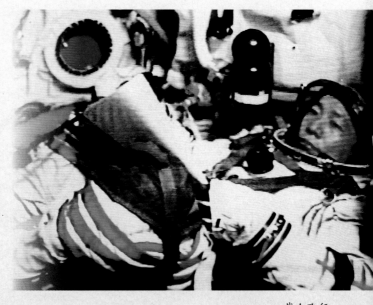

载人飞行

域的最新成果。载人航天的发展水平全面地反映一个国家的整体科学和高技术产业的发展程度，特别是自动控制、计算机、推进、通信、遥感、测试、新材料、新工艺、激光、微电子、光电子等技术以及近代力学、天文学、地球科学、航天医学、空间科学的水平。载人航天的发展，同时又对现代科学技术的各个领域提出了新的发展需求，从而进一步推动科学技术的进步和高技术产业的发展。

第三，提高国家的经济实力。载人航天在太空高远位置把人和自动化设备有机地结合起来，比卫星系统更加灵活、可靠，其及时性、准确性和有效性更强。人在太空进行观测，获取、传输信息，开展科学实验和特种材料生产，有着无可替代的优势，能创造巨大的效益。

第四，增强综合国力。载人航天是一项庞大的系统工程，包括载人飞船、运载火箭、航天员、测控通信网、发射场、着陆场和有效载荷七大系统。实现载人航天，将航天器连同航天员送入太空预定轨道，并安全返回，体现一个国家在科技、经济等领域的实力。载人航天的发展与国家战略及政治、经济、科技、社会、国家安全的发展紧密联系在一起，是一个国家综合国力的重要体现。发展载人航天是一个国家增强综合国力的重要目标。

第五，增加民族自豪感和凝聚力。中国作为一个发展中国家，一定要在世界载人航天领域占有一席之地。发展载人航天，必将推动国家高技术的发展，为国民经济持续快速的发展和中华民族的伟大复兴创造更加有利的条件，从而增强广大人民群众的民族自豪感和凝聚力，实现国家的兴旺和富强。

空间实验室

2. 载人航天工程的七大系统

中国载人航天工程包括七大系统。

航天员系统　载人航天首先要有航天员及其上天飞行的保障系统。这是一个以航天员为中心的医学和工程相结合的复杂系统。它涉及航天生命科学和航天医学等领域，包括航天员的选拔训练、航天员的医学监督保障、航天员的营养食品、航天员飞行训练模拟等分系统。

航天员必须具备健康的生理条件和良好的心理素质，掌握较全面的科学技术知识和熟练的操作技能。因此，航天员必须经过严格的选拔和精心的培训。航天员训练中心备有各种先进的训练设施，如电动转移、电动秋千、冲击塔、离心机、低压舱、中性水池

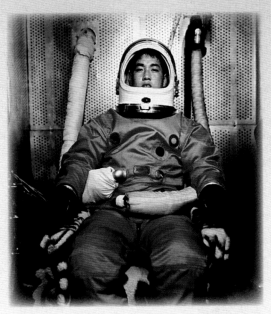

航天员系统

等。航天员一般从空军飞行员中选拔，要经过三个阶段的训练：第一阶段是基础训练，学习航天理论、航天医学及飞船设备检测知识；第二阶段是专业技能训练，熟悉飞船结构和组成系统，掌握各个部件的原理和工作情况；第三阶段是任务训练，按照飞行程序模拟操作技术，掌握从进入飞船到发射升空、在轨运行和返回着陆操作的全过程。在整个训练过程中，贯穿着体能训练和特殊环境耐力训练，提高在各种地形和气象条件下的救生技能和本领。

载人飞船系统　飞船是载人航天的核心部分，它为航天员和有效载荷提供必要的生活和工作条件，保证航天员进行有效的空间实验和出舱活动，并安全返回地面。

神舟号载人飞船系统包括载人飞船及船内10个分系统。载人飞船由轨

载人飞船系统

道舱、返回舱、推进舱和附加段组成。轨道舱位于前部，为密封结构，呈两端带锥角的圆柱形，装有飞船工作所需的设备和有效载荷，是航天员在太空开展工作的场所；返回舱位于中部，为密封结构，呈钟形，是航天员上升和返回时乘坐的舱段；推进舱位于后部，非密封结构，呈后面带锥角的圆柱形，内装飞船的动力装置。另外还有两副太阳能电池帆板和其他一些设备。

运载火箭系统

在完成飞行任务后，神舟号飞船返航，轨道舱分离后与附加段一起留在轨道上运行，继续进行空间实验；推进舱则被抛弃并进入大气层烧毁；只有返回舱载着航天员和实验成果从太空归来。飞船的 10 个分系统特别包括了环境控制和生命保障系统。

运载火箭系统 运载火箭是把载人飞船安全可靠送入预定轨道的运输工具。它包括箭体结构、动力装置等 10 个分系统，特别是增加了载人所需的故障检测分系统和逃逸救生分系统。

专为载人研制的长征二号 F 是一种两级捆绑式火箭，由芯级和 4 个捆绑的助推器组成。火箭全长 58.3 米，起飞质量 479 吨，运载能力达到 8 吨，能把神舟号飞船送到 200~450 千米高的轨道。火箭顶端装有一个逃逸塔，一旦火箭出现重大危险，航天员可利用逃逸塔安全返回地面。

运载火箭发射载人飞船比之于发射人造卫星，不仅要具有更大的运载能力，而且更要提高可靠性和安全性。长征二号 F 运载火箭采用了 55 项新技术，设计的可靠性指标由不载人火箭的 0.91 提高到 0.97，航天员的安全性指标为 0.997，达到了国际先进水平。

飞船应用系统 载人航天工程最终是为了应用，进行各种科学实验和工业生产，创造效益，因此飞船应用系统是备受关注的部分。它利用载人飞船的空间实验支持能力，开展对地观测、环境监测、天文观测，进行生命科学、材料科学、流体科学等实验，安装有每项任务的上百种有效载荷和应用设备。

飞船应用系统

神舟号飞船的多次飞行，已经取得了许多应用实验成果，包括搭载农作物、蔬菜等植物种子的培育实验，蛋白质样品和细胞样品的培养实验，乌鸡蛋的太空孵化实验，利用空间微重力环境制取半导体材料、氧化物晶体、金属合金等实验，利用多模态微波遥感器进行对地观

测控通信系统

测，利用空间环境探测器及时提供太空天气情况等。

测控通信系统 当运载火箭发射和载人飞船上天以及返回时，需要靠测控通信系统保证天地之间的经常性联系，完成飞船遥测参数和电视图像的传输、接收处理，对飞船运行和轨道舱留轨工作的测控管理。这个测控通信系统由北京航天指挥控制中心、西安卫星测控中心、酒泉发射指挥中心、陆上地面测控站（包括5个固定测控站和4个活动测控站）和海上远望号远洋测量船队组成，执行飞船轨道测量、遥控、火箭安全控制、航天员逃逸控制等任务。

发射场系统

着陆场系统

北京航天指挥控制中心集指挥通信、信息处理、监控显示、控制计算、飞行控制于一体，包括计算机系统、监控显示系统、通信系统和勤务保障系统，同各地的测控站和测量船组成一个反应快捷、运算精准、功能齐全的"天网"。

这张巨大的"天网"保证神舟号飞船发射上升段测控通信覆盖率达100%，能够有效地对神舟号飞船进行连续跟踪、测量和控制，保证了它的安全发射、在轨运行和成功返回。

发射场系统 载人航天发射场除选择在人烟稀少、地势开阔、交通方便、水源和气候条件适宜的地面外，必须更多地考虑人的安全，如雷电天气要少，有较好的空中和地面电磁环境。在火箭发射方向上，近百千米内最好没有高山密林和较密集的居民点等。神舟号飞船的发射场选在酒泉卫星发射中心。发射场系统由技术区、发射区、试验指挥区、首区测量区和航天员区组成，形成火箭、飞船、航天员从测试到发射以及上升段、返回段测量的一套完整体系。

在酒泉卫星发射中心原来一片荒凉的戈壁滩上，一座座新颖别致的亮丽建筑拔地而起：试验指挥大楼、火箭总装测试厂房、飞船总装测试厂房、逃逸塔测试厂房、测发指挥大楼、发射脐带塔……特别引人注目的高达百米的发射塔架巍峨耸立，直刺苍穹。

这个发射场系统采用了具有国际先进水平的垂直总装、垂直测试、垂直转运技术和远距离测试发射技术，使飞船的发射安全可靠性更高，在发射台占位时间更短，发射频率更高，待机发射周期更短，为神舟号飞船开启升天之门。

着陆场系统 载人航天着陆场系统包括主着陆场、副着陆场，陆上应急救援、海上应急救援、通信测量、航天员医保等部分。

神舟号飞船的主着陆场选在内蒙古中部四子王旗的广阔草原地区，这里已建成完备的飞船着陆前的测量通信、着陆后的搜索回收、航天员营救和返回舱内有效载荷处置的设施。此外，还在酒泉发射场以东建有副着陆场，在陆上（榆林、邯郸、遂宁等地）和海上设有多个应急救生区。

神舟号飞船的着陆场已能担负飞船返回舱返回轨道的跟踪测量、营救航天员以及返回舱和有效载荷的回收任务。

3. 航天员的选拔标准

航天员的素质

航天员要具备以下几个方面的素质：献身精神、高的学识水平、非凡的工作能力、丰富的工作经验、良好的心理素质和健康的身体条件。

航天是高技术的集成，载人航天更是人类征服自然界的壮举，航天员面对的是荆棘丛生、险象环生的旅途。因此，航天员必须要有坚强的信念、远大的抱负、强烈的事业心和高度的责任感，甚至关键时刻不惜牺牲自己的生命。

理论研讨

载人航天是综合性极强的高技术，无论是驾驶航天器，还是在太空参加实验工作，都需要有相关的专业技术知识，因此航天员至少要完成大学本科学业，最好取得硕士或博士学位。

航天员必须具有良好的性格，精力充沛，沉着冷静，能控制自己的情绪，能与人和睦相处，心理素质良好。

航天员的身体条件要求很高。身高一般在 1.6~1.75 米，年龄在 25~40 岁，体重在标准范围内。无任何畸形或异常，无潜在的慢性病，如冠心病、高血压、糖尿病、贫血、鼻窦炎、哮喘、气管炎等，更不能有精神病、恐高症及嗜烟酒等不良习惯，还必须具有高度的耐力和适应能力。

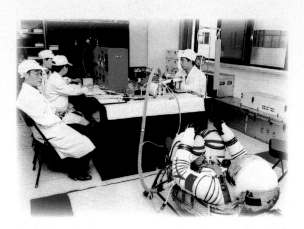

生理测试

航天员的分类

最早的航天员都出身于飞行员。苏联是从 3000 多名空军飞行员中挑选的 20 名预备航天员，美国直接从 500 多试飞员中选拔出 7 名预备航天员，中国是从 1500 名歼击机驾驶员中选拔出 14 名预备航天员。随着太空飞行任务的扩展，内容不断增加，航天员的构成类型也从单一到多元。

航天员队伍分职业和非职业两大类。职业航天员指专门从事航天

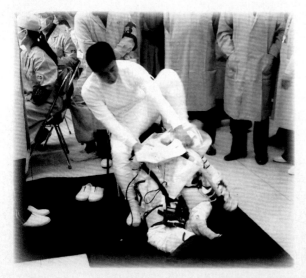

穿航天服

飞行工作的航天员，根据承担的任务不同，其分工也不同。美国职业航天员有指令长、驾驶员、任务专家；俄罗斯职业航天员为指令长、驾驶员、随船工程师。非职业航天员指专门从事某项科学研究或实验的科学家航天员，美国称为载荷专家、俄罗斯称为飞行研究员。他们平时以原职业为主，兼顾航天飞行工作。除此之外，还有其他以宣传、教育或观光旅游为目的的人员。

航天员的选拔

航天员选拔是保证飞行安全和完成航天任务的一个重要环节。

美国把航天员的身体素质分为三级：一级属于航天驾驶员身体条件，二级是任务专家，三级是载荷专家等非职业航天员。美国已不在特定时间里向社会招收航天员，而是由志愿者提出申请，每年选拔一次，视现职航天员退职和需要情况决定选拔人数。2009 年中国开始从空军飞行员中选拔第二批预备航天员，最终选出 5 名男航天员和 2 名女航天员。

航天员的选拔要经过三步：基本资格审查、医学选拔、心理选拔。

基本资格审查：参选驾驶员，需有 1000 小时以上的飞行经历。学历和外语水平越高，中选机会越大。

医学选拔：除了严格的体检外，参选者需经受航天特殊因素耐力和适应性考核，如超重耐力、低压缺氧耐力、前庭功能检查、立位耐力检查。

超重耐力考核　通过载人离心机可测出人心血管功能，前庭植物神经功能及大脑的供血状况等。参选者一般要接受头—盆向和胸—背向两个方向的超重耐力检查。头—盆向过载值为 3G，过载峰值持续时间 30 秒；胸—背向耐力检查的过载值 4~8G，峰

逃逸训练

值持续时间为 50 秒。

低压缺氧耐力考核　航天飞行会遇到低压和缺氧因素。利用低压舱可测试一个人的缺氧耐力。检查时，参选者处于半个大气压（相当于 5000 米高空）环境来检查抗缺氧的耐力，出现晕厥就被淘汰；如通过检查，再接受舱压突然变到 10000 米高度的水平，此时如皮肤有"蚁痒"感或关节疼痛，说明出现减压症，就不能入选。

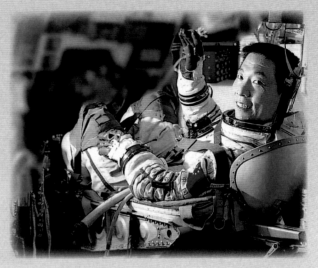

舱内训练

前庭功能考核　太空病发病率很高，而且机体的反应较重，检查前庭功能的项目有：利用平行秋千进行线性加速度敏感性测定；进行冷热刺激敏感性测定。如果参选者有头晕、恶心、呕吐、面色苍白、出汗等反应，心电图、胃电图、血压及眼震图都有异常，便被淘汰。

立位耐力考核　航天员返回地面后，常出现站不住、心率加快、脉压降低、晕厥等心血管失调现象。考核包括下体负压耐力检查和头倒位耐力检查。凡有潜在疾患、调节障碍等耐力不良者不能入选。

此外，在早期航天员选拔中，还进行过振动耐力、噪声耐力、高温耐力、长时间隔绝适应能力等特殊环境因素耐力检查。

心理选拔：航天飞行是一项高风险的活动，航天员要承受巨大的心理压力，因此必须具备良好的心理素质。心理选拔的内容和方法有：调查法、观察法、会谈法、测验法。最后进行综合评定。

调查法　通过查看档案，走访亲友、同事、邻居、领导，阅看本人的作品和书信日记等，得出印象。

观察法　通过交谈、集体活动等进行观察。观察内容包括动作、表情、言语、情绪、意志、认知特点和个性特征等。

会谈法　按照事先组织好的问题进行提问，或是与参选者随意交谈，了解参选者的成就动机、情绪、冒险意识、竞争意识、人际关系、反应能力、家庭背景、职业技能等。

测验法　分为心理能力测验和个性心理测验、如跟踪能力、判断决策能力和警觉能力，甚至包括图形归类，找规律填数，机械理解等。

心理选拔通过后，便可成为预备航天员。

4. 航天员的训练课目

固定基全任务飞行训练模拟器

职业航天员训练一般需 3~4 年，载荷专家训练一般需 2.5 年。非职业航天员训练一般为半年至一年。训练分为三个阶段：

第一阶段是航天基础理论知识教育训练，包括每天 1~2 小时体育锻炼。

第二阶段是航天技能训练，通常用 1~3 年完成，训练内容有低压、缺氧、超重、噪声、失重环境等体验，救生和生存训练等。

第三阶段是系统和特殊任务训练，一般要 1 年到 1 年半时间，时间长短取决于任务的需求。一般在发射场、飞行控制中心和着陆场等地进行联合飞行程序训练和演练。

航天员训练中最重要的是航天特殊技能训练，包括模拟航天飞行的真实环境和过程，使航天员熟练掌握操作技能，应付各种可能出现的情况。这些训练包括：

飞机飞行训练 飞机飞行与载人航天飞行有类似之处，像加速度（超重）、噪声、振动、狭小座舱环境、密闭性人工大气供氧等几乎与航天环境相差无几。根据座舱外

冲击塔

的物体和仪表进行空中定向、动态操纵和控制飞行器的能力等也都与航天驾驶类似。此外，飞机的抛物线飞行可创造短暂的失重。飞行员出身的航天员每1~2月进行一次驾机飞行，每次飞行时间约1~2小时。非飞行员出身的航天员要进行高性能喷气教练机的飞行体验。

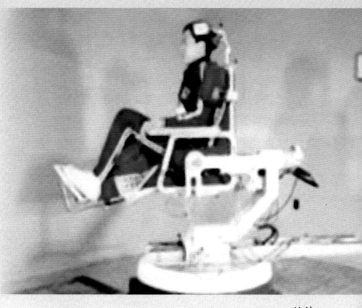

转椅

离心机上的超重耐力训练 航天飞行中经历的超重，其大小和时间比飞机飞行要大得多，因此航天员必须在大型离心机上接受超重耐力训练。离心机 10~15 米长的旋臂以每分钟 60~120 转的速度旋转，臂端的吊舱上可产生 10~30G 的超重值。航天员一般要接受 10G 以上的离心机训练。

水下失重模拟训练 失重是航天飞行中遇到的一个主要的物理因素。航天员的失重训练主要是在水中进行的。由于水的浮力抵消了人和潜水服的部分或全部质量，航天员在水中活动，会产生类似在失重环境下活动的效果。一般都是建有大型水池，将航天飞行器模型沉入水中，航天员穿着类似的航天服，戴着自给式呼吸器，进行各种航天飞行任务的模拟训练。

飞行模拟器训练 航天员训练中心都建有飞行模拟器。它由座舱、外景显示模拟、计算机、操纵台和辅助设备组成。航天员置身其中，看到的日月星辰变化、仪器仪表设置，以及听觉、运动感觉等都与实际飞行完全一样。这是训练航天员最

人体离心机

安全、最经济、最有效的设备。

各种应急训练 航天飞行远离地球，远离人群，往往是处于单独孤寂的特殊环境。航天员需要在隔音室里进行单独生活10余天的训练。在隔音室里，有时也制造一些干扰的声音和闪光，以培养航天员集中注意力的能力。

在航天飞行中，火箭、飞船可能会出现各种故障，如座舱气压降低，氧气不足，温度过高或过低等。为使航天员最大限度地适应这些情况，必须在模拟飞船舱内进行低气压、低氧分、低温、负压和高温训练。火箭和飞船有时还会发生危及航天员生命的重大事故，因此还必须对航天员进行各种安全脱险训练，如弹射跳伞训练、降落在海上或陆地丛林的救援训练等。舱外航天服也是一种救生设备，也要经常试穿并进行训练。

逃逸塔

航天员穿舱外航天服在模拟失重训练水槽进行出舱活动任务训练

5. 航天服和航天食品

航天服是航天员在执行载人飞行任务时必须穿着的特制服装，也可以说是航天员必备的个人防护救生装备。

在太空中，由于航天器里的环境控制系统为座舱提供了接近于地面的大气环境，才保证航天员的生命安全与正常工作。假如座舱调压供氧装置发生故障，或舱壁被微流星击穿，就可能导致座舱压力丧失，直接威胁航天员的生命安全。

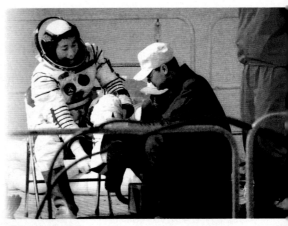

试穿航天服

人体中，中耳与鼻窦、胃肠道与肺脏是内含气体的空腔器官，航天器座舱因意外发生快速减压时，人体腔内气体就会剧增造成疼痛，甚至损伤。在气压为 6.27 千帕（高度 19.2 千米）时，水的沸点为 37℃，这正好与人体体温相同。因此，人体突然暴露在这个高度或舱内气压降至这一极限时，人体内的体液就会"沸腾"起来，形成"气鼓"，10 余秒钟就会令人丧失意志，沸腾的体液可以从人的口腔、鼻腔等器官喷射出来，导致死亡。

因此，为保障航天员安全，在航天器发射、变轨、交会对接、返回地球和轨道飞行座舱出现压力应急时，航天员都必须穿着舱内航天服。舱内航天服也称密闭压力服，它带有调压供氧装置，一般由服装、头盔、手套和靴子等组成。当座舱失压时，航天服能维护服装内所规定的压力，保证氧气的供给，并能排除二氧化碳，使航天员避免座舱失压缺氧对人体的危害，起到应急救生的作用。

舱内航天服一般为软式航天服，由里到外细分共有 6 层。第一层是最贴身的一层，由纯绵或绵布织成的内衣裤，质地柔软、透气。第二层是用羊毛制品或合成纤维制成的保暖层。第三层是由微细管道连接衣服上制成的通风散热系统。在人体与外界隔绝的情况下，可以把人体产生的热量、水气和各种气味排出体外。第四层是气密加压限制层，它用于充气加压，使身体有足够的压力。第五层是隔热层，是由 5~7 层涂铝的聚酯薄膜构成，主要防

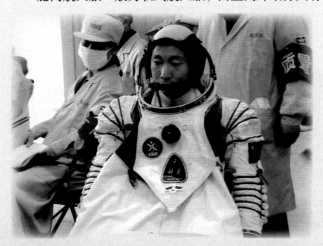

航天服检查测试

护外部热量往里辐射。第六层也是最外一层是外罩层，它要求所用的材料必须耐高温，而且耐磨力要强。头盔与服装相连，要求通过头盔面罩观察外部目标清晰逼真，穿着时面窗不能结雾影响视线，同时与服装的接口密闭性要强，不能有丝毫的跑风漏气。

航天服测试

神舟号飞船的舱内航天服由里往外简化为三层。第一层是限制层，由耐高温、耐磨损材料制成，用来保护航天服的内层，同时限制气密层在低压下膨胀。第二层是气密层，作用是为航天员构筑一个与体外完全隔绝的屏障，用涂有特殊化学原料的锦纶材料制成，密封性能非常好，可以保持航天服内一定的压力。第三层是散热层，该层布满用来疏通气流的各种管道，通过气流在航天服内的流动，带走人体代谢过程中所产生的热量。

实际上，航天员在太空各时段不完全穿着航天服，而是根据不同任务和不同时段而穿着不同类型的服装。当飞船进入轨道飞行时，为了工作方便和舒适，航天员可脱下舱内航天服穿上工作服或内衣。航天员的内衣为衣、裤一体的连身式结构，裤口有脚蹬带，便于自身穿脱以及快速配穿其他服装。内衣穿脱口采用前直开口，有拉链开合，腰部有松紧，穿脱口下方设置小便口，另配置有必要的贮物口袋。在航天飞机或空间站的工作舱里，航天员还可穿着休闲式长短袖衫和拖鞋。

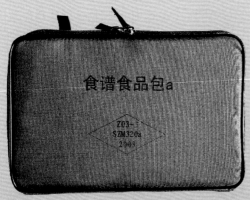

食谱食品包

神舟号飞船航天员穿着的航天服整套重10千克，价值10万人民币。航天服心脏部位有一个可以拧动的圆形装置，用来调节衣服内的压力、温度和湿度。航天员穿戴舱内航天服一般10分钟即可完成，维持应急状态时间可达6个小时，在这6小时内航天员足以完成应急返回程序。

航天食品分为食谱食品、储备食品、压力应急食品和救生食品四类。

食谱食品是按照为航天员特别制定

中国硬包装太空食品

中国软包装太空食品

航天饮水包　　　　中国复水太空食品

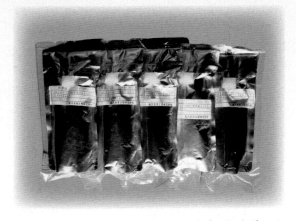

航天饮水包内盛装的软包装饮水

的航天食谱和航天员饮食搭配成的，供航天员在飞船正常的轨道飞行期间食用。它存放在乘员食品柜内，分餐包装，就餐时放入加热装置内加热后即可食用。

储备食品是当飞船发生故障需要延长飞行时间所食用的食品。

压力应急食品是在航天员座舱出现压力降低到失去压力等严重故障时，航天员穿着航天服进入应急飞行期间所食用的食品。

救生食品是航天员返回着陆后等待救援期间所食用的食品。

神舟号飞船上的食品十分丰富，除了种类繁多的海鲜、肉类罐头、面包等食品外，还有中式菜品，如鱼香肉丝、宫保鸡丁，色香味美。主食是脱水米饭、咖喱米饭等，装在一个个饭盒大的银灰色小袋子里。舱内除预备橙汁等饮料外，还准备了茶。舱内还有草莓、苹果、香蕉、水蜜桃等各类水果，为便于保存，在低温下去掉水分，加工成冻干水果。这些航天食品，通常制成一口大小的长方形、球形和方形等，如肉块、鱼块、点心块等，表面涂有一层可食的保护膜，航天员进食时一口一块，即方便简洁，又不会掉屑，可以避免食物碎屑散落在舱内飘浮。

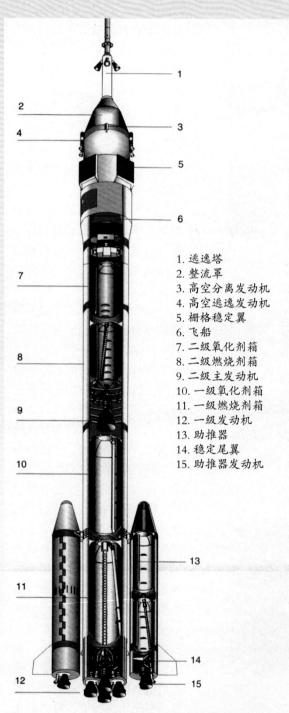

1. 逃逸塔
2. 整流罩
3. 高空分离发动机
4. 高空逃逸发动机
5. 栅格稳定翼
6. 飞船
7. 二级氧化剂箱
8. 二级燃烧剂箱
9. 二级主发动机
10. 一级氧化剂箱
11. 一级燃烧剂箱
12. 一级发动机
13. 助推器
14. 稳定尾翼
15. 助推器发动机

长征二号 F 火箭结构示意图

6. 载人发射的长征号火箭

中国载人发射的长征二号 F 是一种技术高、功能多、推力大的运载火箭，具备了发射载人飞船的能力。

长征二号 F 以长征二号 E 捆绑火箭为基础，其芯级是发射成功率很高的长征二号 C 火箭。它是经改进后以发射载人飞船为主要目的而研制的新型高可靠、大推力运载火箭。火箭全长 58.34 米，起飞质量 479.8 吨，芯级直径 3.35 米，助推器直径 2.25 米，整流罩最大直径 3.8 米。它可以把重 8 吨的有效载荷送入近地点 200 千米、近地点 350 千米、倾角 42.4°~42.7° 的地球轨道。

长征二号 F 火箭由箭体结构、动力装置、控制、推进剂利用、故障检测处理、逃逸救生、遥测、外测安全、地面设备和附件系统共 10 个分系统组成。

箭体结构系统 包括助推器，芯级第一级，芯级第二级、整流罩和逃逸塔。逃逸塔由头锥、配重段、4 台偏航俯仰发动机、1 台分离发动机、1 台逃逸发动机和尾裙组成，长 8.35 米。

动力装置系统 由第一级发动机、第二级发动机、助推

助推火箭吊装

器和增压输送系统组成。

控制系统 箭上部分由制导、姿态控制、时序控制、电源配电分系统和飞行控制软件组成。

推进剂利用系统 箭上设备由燃烧剂液位传感器、氧化剂液位传感器、控制器、电机驱动器、调节阀门和电缆网组成。

遥测系统 箭上设备由 S 波段无线传输设备、磁记录中间装置、传感器、变换器、电池和电缆组成。

外测安全系统 箭上设备包括干涉仪应答机、脉冲应答机、引导航标机、安全指令接收机、逃逸指令接收机、控制器、爆炸器、引爆器等。

地面设备系统 包括发射、运输、吊装、加注、供气、供配电和瞄准设备等。

附件系统 主要由耗尽关机信号、加注液位测量、推进剂测量、垂直度调整和地面总体综合测试网组成。

长征二号 F 火箭发射

组装火箭

其中，故障检测处理系统和逃逸系统是其他型号的运载火箭所没有的，只有载人发射的火箭才专门增加了这两种分系统。

长征二号 F 运载火箭从 1992 年开始研制，历时 8 年完成。它继承了长征二号 E 火箭的主要构型，即用芯级捆绑 4 个液体助推器。外测安全系统取消了姿态自毁功能。飞船通过飞船支架、船箭锁紧带与火箭第二级连接，采用分离弹簧和反推火箭、侧推火箭的分离方式保证火箭与飞船安全可靠地分离，其性能稳定性、可靠性已达到国际先进水平。

长征二号 F 运载火箭之所以能发射载人飞船，是因为它满足了以下三个条件：

第一，火箭的推力够大。世界上最早的载人飞船比较简单，但最轻的也有 2~3 吨，而神舟号飞船的质量有 7.8 吨，要把这么重的飞船送上距地面 200~500 千米的太空轨道，火箭必须要有足够大的推力才行。为了把飞船送上太空环绕地球飞行而不掉下来，火箭必须使飞船达到每秒 7.9 千米的第一宇宙速度。如果用一级火

逃逸塔在地面进行测试

箭发射只能达到每秒 6 千米的飞行速度，不足以把飞船送上地球轨道。因此一般要用两级以上大推力火箭。但不是火箭级数越多越好，因为用于载人发射的火箭级数越多，发生故障的概率就越高，其中某一级的任何部分出现故障，都会导致箭毁人亡。所以一般都用两级火箭，最多采用两级半的结构，而用一个两级火箭做芯级，再加上捆绑的助推器，使其提高推力达到发射重型飞船的目的。长征二号 F 火箭就是这样的两级半结构，其推力能达到发射 8 吨飞船的要求。

第二，火箭具有应急救生功能。载人飞船的发射段和上升段的最大危险来自运载火箭，为确保航天员的生命安全，火箭上需增加应急救生系统，包括逃逸救生装置和故障检测装置。当运载火箭发生危及航天员生命的故障时，如火箭爆炸、起飞后控制系统发生故障、火箭飞行偏离预定轨道等，故障检测装置能自动发出指令，使飞船与火箭脱离，逃逸发动机点火，逃逸装置即将飞船拽离火箭到达安全位置，返回地面脱离危险。这种应急救生装置在火箭正常发射时都不使用，但却不可缺少，这是它和一般发射卫星的运载火箭不同的一个显著标志。

第三，火箭是高可靠、高安全、高质量的。发射卫星的运载火箭可靠性达到 90% 就可使用，而发射载人飞船用的运载火箭可靠性则要求达到 97% 以上。这就要求火箭的发动机、控制系统等的可靠性都要高，为此在设计中采用冗余技术，即关键设备和关键部位增加备份，使两套系统同时处于工作状态，一旦其中一套出现故障，另一套马上可以接替工作。为保障航天员的生命安全，运载火箭的安全性比可靠性的要求还高。在研制火箭过程中，采用高的试验标准和严格的质量保证措施，对成千上万的元器件逐一进行筛选，对各个系统进行大量的地面试验，从而保证火箭具有很高的质量。

长征二号 F 运载火箭在解决这三个难题时，还采取了一些新的保障措施，加大了试验力度，进行了极限能力试验，完成满足了高可靠、高安全、高质量的载人发射要求。

芯级火箭检查

7. 神舟飞船采取保险措施

中国载人航天工程的神舟号飞船，越过美国第一代水星号飞船的的单人单舱式结构、苏联第一代东方号飞船的单人双舱式结构，直接采用三舱式构型，可乘载 2~3 名航天员，可携带 300 千克的试验设备和样品，是一种可以开展科学实验活动的多功能飞船。

飞船检测

神舟号飞船总长是 8.86 米，总重 7840 千克。总体包括结构与机构、环境控制与生命保障、热控制、制导导航与控制、推进、测控与通信、数据处理、电源、返回着陆、逃逸救生、仪表与照明、有效载满、乘员共 13 个系统。在结构上由轨道舱、返回舱、推进舱和附加段（过渡段）组成。

轨道舱在前部，密封结构，两端带锥角的圆柱形。圆柱段直径 2.25 米，长 2.8 米，是飞船进入轨道后航天员工作、生活的地方。舱内除备有食物、饮水和大小便收集器等生活装置外，还安装有空间实验装置和仪器设备，可进行对地观测等活动。舱的后端底部设有舱门与返回舱相连，舱外两侧装有一对面积约 12.24 平方米的太阳能电池帆板。轨道舱在飞船完成任务后还要留轨运行，自主开展半年的空间实验工作。

神舟五号载人飞船返回舱

返回舱在中部，密封结构，钝头倒锥体钟形，最大直径 2.5 米，重 2.5 吨，设有可供 3 名航天员斜躺的座椅，是飞船的指挥控制中心，也是航天员起飞、上升和返回阶段乘坐的地方。舱内安装有飞行中航天员需要的监视和操作的仪器设备、环境检测和生命保障系统，还有供着陆用的降落伞。前端有舱门通向航天员进出的轨道舱。舱壁上开有两个圆形窗口，供航天员观测和瞄准飞船的正常飞行。返回舱是神舟号飞船唯一返回地面的舱段。

推进舱在后部，非密封结构，圆柱形，最大直径2.8米，长2.9米。舱内装有推进系统发动机和推进剂，为飞船提供姿态调整和轨道控制所需的动力，还有电源，环境控制和通信系统的部分设备，舱外两侧装有一副24.48平方米的太阳能电池帆板。

飞船的最前端是附加段，系非密封箱式结构，长0.9米，宽1.26米，高0.86米。用于安装专用的科学实验设备，或作为航天器交会对接机构的安装部位。

神舟号飞船设计上采取了多项保险措施：

应急救生装置齐全　神舟号飞船上安装了自动和手动两套应急救生装置，无论是在太空飞行中或是在返回时发生意外，船上的救生系统会自动启动，万一自动装置出现故障，船上的手动系统完全可以应对排除。飞船的返回舱返回地面如不能马上被发现，舱内为航天员配备的救生物品，足以保证航天员在陆上生存48小时、海上生存24小时。返回舱里还有一套气囊，一旦落入水中，3吨重的返回舱也不会沉入水底，它会漂在水中，等待救援。

太空卧室绝对防辐射　神舟号飞船返回舱内安装了舱内辐射计量包、辐射环境检测仪，可以探测飞船座舱内受到辐射污染的程度。在神舟三号飞船中的一位模拟航天员，

神舟五号飞船

装了一个计量仪测量太空辐射，飞船回收后对测量的数据进行计算，发现仪器在太空环境里工作正常，飞船舱内受到的太空辐射剂量很小，对航天员的身体基本没有影响。

特种太空椅抗冲击 飞船升空和返回阶段的加速度达到 4~5G。为了减少这样高的加速度给航天员带来的痛苦，神舟号飞船里配备了特制的太空椅，航天员坐在上面姿势蜷曲，使人的脊椎可以承受较大的过载，不致受到伤害。

飞船内有足够的氧和食品 航天员在太空一天要吸入 0.86 千克的氧气，排出 0.95 千克的二氧化碳，要吃 2.02 千克的食物，喝 0.9 千克的水。在神舟号飞船中，对航天员生活必需的氧

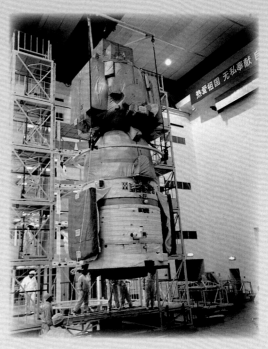

装配中的神舟号飞船

气、饮水、食物都做了充足的安排，特别是考核了航天员食品在太空的品质。

降落伞保证软着陆 飞船返回时到距地面 15 千米时，下降速度开始由超音速减到亚音速，稳定在每秒 200 米左右。这时再减速要靠降落伞。神舟号飞船的降落伞是世界上最大的降落伞，足有 1200 平方米。它薄如蝉翼，由 1900 多块特殊尼龙绸缝制，整伞叠起来只有一个提包大小，质量仅有 90 千克。直径 25 毫米的伞绳，一根就能承重 300 千克。开伞程序是先打开一个引导伞，由引导伞拉出减速伞，再由减速伞带出主伞，主伞张开后，返回舱的下降速度逐渐减到每秒 15 米。当飞船返回舱距地面 1 米高时，缓冲发动机点火，给飞船一个向上抬的力，返回舱的落地速度减到每秒 1~2 米，这样航天员着地就能安然无恙了。

飞船转运

8. 酒泉载人航天发射场

1992 年，在我国西部巴丹吉林沙漠深处的酒泉卫星发射中心开始建设载人航天发射场。

载人航天发射场的作用，一是对飞船和火箭进行检查测试和点火发射，二是为航天员提供临发射前训练，生活、学习、医监医保和锻炼的特殊设施与条件，三是为飞船提供测试和气象条件，四是在飞船进入发射准备阶段为工作人员和航天员提供紧急撤离和逃离救生平台。

酒泉卫星发射中心测控指挥大厅

因此，对载人航天发射场有特殊要求：在发射指向方面要留有充裕的应急救生区，发射台附近要地势平坦；发射区要有航天员紧急撤离通道和掩体等措施；在发射区要有航天员上天前训练、医监医保用的工作生活区，并有相应设施；发射区和技术测试区

酒泉卫星发射中心

在布局上要靠得较近,将测试检查工作主要放在技术区内进行,尽量减少火箭和飞船占用发射工位的时间。

酒泉载人航天发射场新建的标志性建筑有:

发射塔架 神舟号飞船的发射塔架高耸入云。它承担的主要任务是:完成飞船、火箭组合体的功能检查、推进剂加注、航天员进舱、火箭点火发射、航天员应急救生等工作。

发射塔高达百米,全部为钢架结构。上设固定平台和可升降的工作平台,供科研人员对飞船、火箭进行发射前的最后测试、检查。塔上的飞船段设空调净化区,空气洁净度很高。发射台设有普通电梯和防爆电梯,方便科研人员工作和应付突发事件。

火箭在发射中心进行垂直转运

发射塔上还设有航天员登舱通道、风淋室和逃逸滑道。在发射前,如出现紧急情况,航天员可迅速通过逃逸滑道进入地下安全掩体。这种装置的突出优点是能够同时满足塔上航天员和其他工作人员紧急撤离的要求。发射塔前方有导流槽,采用双面排焰方式。它的主要功能是支撑活动发射平台,对火箭发动机点火进行可靠的排焰。

特殊铁路 在发射塔架与技术区的垂直总装测试厂房之间建有一条 20 米宽的特殊铁路,它将技术区、发射区融为一体。当飞船和火箭在技术区完成总装测试后,载着船箭组合体的活动发射平台,就能在自发电源的驱动下,从垂直总装测试厂房出发,沿着铁轨运至发射工位。

这条特殊轨道是采用铝热焊方式焊接成的无缝钢轨,考虑到在冬季 −20℃ 的情况下可能发生断裂,为确保火箭、飞船转运安全,制备了上百个各种规格的钢楔,以便在出现重轨断裂而又不能及时焊接的情况下,采取断口加楔子的应急措施。

船箭塔组合体从厂房转运到发射台

总装厂房 在铁路两端，高达 93 米的垂直总装厂房与发射塔遥相对应，总装厂房总面积达数万平方米，大门重达数百吨，高 74 米的巨大吊顶式大门，可容 58 米高的船箭组合体进出。

鸟瞰下的酒泉卫星发射中心载人航天发射场

这座巨型垂直总装测试厂房将以往发射场技术厂房与勤务塔的两项功能合在一起。在这一巨大建筑中机房密布，技术设施健全，可容纳千余人同时工作。在总装测试厂房右侧相连的是水平转载间，左侧是测发楼。测发楼内设置了测试发射中心，配备了完备的计算和测试发射系统，可兼顾技术区的综合测试和发射区的发射控制，实行自动化巡回检测和对关键部位的监测控制，提高了测试发射的可靠性。

再往西，是与垂直总装测试厂房相对应的飞船有效载荷总装测试厂房。它主要承担飞船的检查、测试、装配、装载等任务。再往前，是飞船加注与整流罩装配厂房、火箭逃逸塔总装测试厂房等建筑设施。这些设施均具世界先进水平。

这座新建的载人航天发射场，采取了先进的垂直总装、垂直测试、整体垂直转运和运距高测试发射技术。运载火箭和飞船在发射场的测试工艺流程，通过采取强化技术区、简化发射区、优化试验程序等具体技术方案，使航天器的发射安全可靠性更高，在发射台占位时间更短，发射频率更高，待机发射日期更强，更能适应载人航天任务。

坐落在酒泉卫星发射中心的航天员公寓问天阁

神舟一号

9. 神舟号的四次不载人飞行

从 1999 年 11 月到 2002 年 12 月，神舟号飞船进行了 4 次不载人的试验飞行。

神舟一号飞船试验飞行 1999 年 11 月 20 日，神舟 1 号飞船发射升空，经过 21 小时 11 分钟的太空飞行，环绕地球飞行 14 圈后准确返回地面。神舟 1 号首次飞行试验取得圆满成功，标志着中国载人航天技术实现了重大突破。

神舟 1 号飞行，着重考核了飞船研制的关键技术和飞行性能。神舟 1 号是中国发射的第一艘试验性飞船，主要利用长征二号 F 火箭发射，着重考核整个载人航天工程总体设计方案的可行性，特别是飞船系统的舱段分离技术、调姿制动技术、升力控制技术、防热技术和回收着陆技术等 5 大关键技术的可靠性。因此，飞船采用了最小的配置，仅装上了与飞船返回系统紧密相关的 8 个分系统，飞船的轨道舱也没有进行留轨试验。

神舟二号飞船试验飞行 2001 年 1 月 10 日，神舟 2 号飞船发射，按计划在太空飞行 7 天，环绕地球 108 圈，1 月 16 日返回地面。它标志着中国载人航天事业取得了新的进展，向实现载人航天飞行的目标迈出了可喜的一步。

神舟二号飞船在技术厂房

神舟2号飞行重点考核两个系统、完善其他系统。它作为中国第一艘按载人飞行要求而采用全系统配置的正样无人飞船，在完善第一艘神舟号飞船在舱内温控、系统配合等方面存在不足的基础上，重点考核了环境控制与生命保障、应急救生两个分系统的功能，进一步检验了飞船系统与其他系统的协调性。同时，轨道舱进行了长达半年的留轨试验，取得了许多试验成果。

神舟三号飞船在转运中

神舟三号飞船试验飞行 2002年3月25日，神舟3号飞船发射成功，4月1日安全返回。这是中国发射成功的第一艘完全处于载人技术状态的正样无人飞船，表明中国已完全掌握了载人航天的天地往返技术。

神舟3号飞船优化了性能，增加了载人有关设备，特别是逃逸塔。对神舟2号某些部分做了进一步改进，并通过了大量地面试验验证，同时，在神舟3号上增加了部分载人所需的设备和技术，特别是增加了在飞船发射出现故障时用于保障航天员安全脱离危险的逃逸救生塔，还进一步优化改进了许多分系统的性能。这些工作对确保航天员安全措施方面得到较大的完善。

神舟四号飞船试验飞行 2002年12月30日，神舟4号飞船发射成功，2003年1月5日成功返航。神舟4号对载人技术考核最全面，与载人飞行技术状态完全一致。它的发射成功标志着神舟号飞船已经完全具备载人航天条件。

神舟4号完善了应急救生系统功能，优化了舱内载人环境，增加了航天员手动控制系统，增强了整船偏航机动能力。在充分继承前三艘无人飞船成熟技术的基础上，进一步提高了飞船的可靠性和安全性。同时，改善了舱内载人环境，充分考虑了航天员座椅使用、出舱进舱、操作方便舒适等因素，为航天员创造出了一个美观舒适的太空生活场所。2002年，正在训练中的航天员还在神舟4号飞船上进行了一周的适应性测试。经过航天员与飞船的人船联合测试和评价试验考核，航天员对飞船的操作设计和工作环境反映良好。这是神舟号飞船载人飞行的一次成功预演。

神舟四号飞船返回舱

10. 神舟五号飞船首次载人飞行

2003 年 10 月 15 日，中国神舟五号飞船发射升空，把中国第一位航天员杨利伟送上太空飞行。中国成为世界上第三个实现载人航天的国家。

这一天早上 5 时 20 分，在酒泉卫星发射中心，中国首次载人航天工程开始进入发射程序。航天员出征仪式在航天员公寓问天阁举行。胡锦涛总书记等亲切会见了首飞梯队的 3 名航天员。

"总指挥同志，我奉命执行首次载人航天飞行任务，准备完备，待命出征。"第一位航天员杨利伟用洪亮的声音报告。"出发！"中国载人航天工程总指挥李继耐一声令下，杨利伟登车被送向 7 千米外的发射塔架前。

杨利伟登上塔架，进入飞船。他在座位上系好

航天员杨利伟在返回舱向人们挥手致意

安全束缚带，从身边的文件包里取出一张表，一一对照检查确认飞船的状态，试验一下通信头戴通话，校准飞船的时间，对航天服的气密性进行检查。准备就绪，关闭飞船的舱门。

发射塔架上的工作全部结束，火箭上与地面连接的插头全部拔下，发射场应急救生人员到位。"飞船发射准备好！"

8 时 59 分，飞船发射进入一分钟读秒。"5、4、3、2、1- 点火！"9 时整，随着现场指挥员发出的指令，长征二号 F 运载火箭尾部喷射出一团橘红色烈焰，托举着神舟五号载人飞船拔地而起，徐徐升空，进入程序转弯段后，逐渐变成一个小小的亮点，最后隐没在无穷的天际里。

这时，北京航天飞行控制中心指挥控制大厅的巨幅屏幕上，描绘出中国西北地区版图上的火箭理论飞行曲线上闪现一个小小的红色亮点，一条标示实际飞

航天员杨利伟在出征仪式上

行的曲线缓缓延伸，两条曲线完全重合。10分钟后，北京飞行控制中心收到太平洋日本海上的远望1号测量船的报告："长江一号发现目标！""船箭分离！"经过短暂的停顿后，北京航天飞控中心宣布："神舟五号飞船准确进入预定轨道！"

北京时间15日9时30分，在南太平洋上的远望2号测量船雷达荧光屏上出现亮点，操作手发现目标后报告："长江2号发现目标！""遥测信号正常！"北京航天飞控中心不断收到远望2号测量船发来的精确数据。15时30分，在南印度洋上等待了近8小时的远望4号测量船成功地捕获到了飞船："长江4号发现目标！""长江4号双捕完成！"

随后，从在大西洋上的远望3号测量船发出报告："长江3号发现目标！""长江3号双捕完成！"杨利伟乘坐的神舟五号飞船成功地在轨道上遨游。

当神舟五号飞船最后一次飞临南太平洋上空时，北京航天飞控中心下达返回的指令。北京时间16日5时34分，飞船刚刚跃出地平线，远望3号测量船便抓住了目标。紧接着，雷达和天地通信系统相继捕获目标。"调姿分离指令执行！""制动发动机关机！"这些指令发向飞船，飞船轨道舱与返回

杨利伟在太空与地面通话

舱成功分离，推进舱分离，返回舱载着航天员降低飞行速度，由运行轨道转入返回轨道，进入大气层。

北京时间10月16日6时10分，在内蒙古四子王旗空旷草原上的着陆场搜索救援回收人员，在东方破晓的天边，突然发现一个徐徐下落的亮点。"看见返回舱了！""返回舱抛伞舱盖了！""降落伞打开了！"6时23分，神舟五号飞船返回舱安全着陆，5架直升机和几十辆车奔向返回舱落点。30分钟后，回收人员打开返回舱舱门，杨利伟神情自若地坐在备份伞舱盖上说："感觉非常好！"

杨利伟成为中华民族第一位乘坐中国自行设计制造的飞船遨游太空的航天英雄。他的成功飞行，实现了中华民族的千年飞天梦想，向全世界展示了中国人民的伟大创造力和自强不息、勇攀高峰的精神风貌。

胜利归来的杨利伟身披洁白的哈达

链接

杨利伟——中国第一位航天英雄

　　杨利伟，辽宁省绥中县人，1965年6月出生，1983年6月入伍。1987年毕业于空军第八飞行学院，历任空军航空兵某师飞行员、中队长，飞过歼击机、强击机等机型，安全飞行1350小时，被评为一级飞行员。1996年参加航天员选拔，1998年1月正式成为中国首批航天员。经过5年的训练，以优异成绩通过航天员专业技术综合考核，被选为中国首次载人航天飞行首飞梯队成员。2003年10月15日，乘神舟五号飞船升空，在太空飞行21小时后返回地面，成为中国第一位飞上太空的航天员。2003年11月7日，杨利伟被授予"航天英雄"荣誉称号，并获"航天功勋奖章"。

神舟五号飞船搭载的物品

　　神舟五号飞船返回地面开舱，搭载的物品在北京空间技术研制试验中心揭晓。这次搭载的物品有：一、旗类，包括中华人民共和国国旗、澳门特别行政区区旗、北京2008年奥运会会徽旗、联合国旗等；二、邮品，包括中国首次载人航天飞行纪念邮票、中国载人航天工程纪念封、人民币主币票样等；三、种子，包括各10克左右的青椒、西瓜、玉米、大麦等农作物种子，还有甘草、板蓝根等中药材，特别是有台湾宝岛的农作物种子。

11. 航天员参与空间实验活动

2005 年 10 月 12 日，中国两名航天员费俊龙、聂海胜乘神舟六号飞船，到太空飞行 115 小时，完成预定的空间实验任务。这是中国完成的一次真正意义上有人参与空间实验的航天飞行。

这天清晨，酒泉卫星发射中心飘起纷纷扬扬的雪花，在问天阁为航天员费俊龙、聂海胜壮行。他们向载人航天工程总指挥陈炳德报告："总指挥长同志，我们奉命执行神舟六号载人航天飞行任务，准备完毕，请指示。中国人民解放军航天员大队航天员费俊龙、航天员聂海胜。""出发！"陈炳德总指挥一声令下，两位航天员乘车前往发射塔架。6 时 15 分，费俊龙、聂胜海进入飞船舱内。6 时 30 分，他们戴好飞行手套，合上头盔面窗，系好安全带，监视着飞船的状态。8 时 45 分，他们与地面进行了最

神舟六号航天员：费俊龙、聂海胜

航天员在模拟舱中训练

后一次通话，并向大家挥手致意。

9 时整，"起飞！"长征 2 号 F 运载火箭托举着神舟六号载人飞船升空。经过 583 秒，飞船进入预定轨道，开始为期 5 天的太空飞行。起初，航天员进行了穿舱、变轨、轨道维持等空间活动。

10 月 13 日 4 时，航天员开始在舱内开关舱门，穿脱压力服，操作各种设备，他们加大动作幅度，试验人的扰动对飞行姿态的影响。6 时 10 分，飞船飞行至第 15 圈，航天员开始早餐，吃上经过加热的食物。9 时，费俊龙、聂胜海在太空 24 小时飞行了约 68 万千米。

10 月 14 日，飞船飞行第 30 圈进行轨道维持，飞船各分系统性能和可靠性进一步接受考验。两名航天员按计划轮换休息和工作，与地面保持联系畅通。费俊龙在休息结束后，先清洁口腔牙齿，修理胡须，然后连续做了 4 个前滚翻：费俊龙半蹲在地上，用双手撑住船舱地上的两个固定物，然后向前完成一个前滚翻。他在 3 分钟里翻了 4 个筋斗，一个筋斗翻了 351 千米。聂海胜在旁拍下了翻筋斗的镜头。

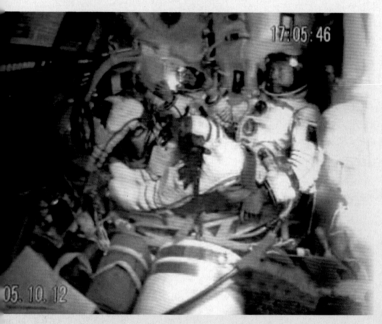

航天员在太空工作

10 月 15 日，航天员进入太空 3 昼夜，飞行了 72 小时，目睹了 48 次日出日落，行程约 202 万千米，飞船一切状态良好，航天员身体状态也很好。16 时 28 分，胡锦涛总书记在北京指挥控制中心与航天员进行了天地通话，勉励他们圆满完成任务，期盼他们胜利凯旋。胡锦涛对两位航天员说："你们作为担任这次飞行任务的航天员，作出了杰出的贡献，祖国和人民为你们感到骄傲，希望你们沉着冷静，精心操作，圆满完成任务，祖国人民期盼你们胜利凯旋。"航天员传回了他们拍摄的飞船太阳能帆板的数字图像，他们开展了一系列科学实验活动。

10 月 16 日，飞船进入太空的黑夜。10 时，航天员在轨道舱进行了细胞搭载实验。他们开始为返航作准备。

10 月 17 日 3 时 44 分，飞船开始返回。一次调姿、轨道舱分离、二次调姿……飞

胜利返回

船顺利脱离轨道,掉头180°,进行制动减速,准备进入大气层。飞船返回舱进入到黑障区,短时与地面失去联系。4时19分,飞船主伞舱盖打开。4时32分,反推火箭点火,返回舱成功着陆。4时38分,航天员报告:返回舱正常着陆,身体状况良好。5时40分,航天员费俊龙、聂胜海在太空飞行115小时之后,自主出舱,圆满完成此次航天飞行任务。

　　神舟六号飞船是中国一次真正意义上的有人参与的载人航天飞行。它的圆满成功,对于摸索航天员长期在太空工作、生活规律积累了经验,为中国以后的载人航天活动打下了基础。

链接
神舟六号飞船航天员

　　费俊龙,江苏省昆山市人,1965年5月出生,1982年入伍。1985年毕业于长春空军飞行学院,任飞行员,飞过歼教五等机型,空军特级飞行员,安全飞行1790小时。1996年参加航天员选拔,1998年1月正式成为中国第一批航天员。2005年10月12日,担任神舟六号飞船指令长,在太空飞行5天完成预定实验任务后返回地面。2005年11月26日,费俊龙被授予"英雄航天员"荣誉称号,并获"航天功勋奖章"。

　　聂胜海,湖北省枣阳市人,1964年9月出生,1983年6月入伍。1987年毕业于空军第七飞行学院,任空军航空兵某师飞行员、飞行副大队长,安全飞行1480小时。1998年1月入选中国第一批航天员。2003年10月选为首飞航天员梯队。2005年10月12日,担任神舟六号飞船驾驶员,执行第二次航天飞行任务成功。2005年11月26日,聂胜海被授予"英雄航天员"荣誉称号,并获"航天功勋奖章"。

神舟六号飞行的十大亮点

神舟六号飞行与神舟五号相比，在技术上有 10 个新的亮点。

（1）从一人到两人。人数的增加给飞行任务的各个环节带来新的变化，双人飞行比单人飞行更能全面考核飞船和工程其他系统的性能。由于人数和设备的增加，神舟六号飞船重量增加了 200 多千克。

（2）从一天到五天。神舟五号运行只有 21 小时，环绕地球 14 圈，航程 60 多万千米；神舟六号运行近 5 天，共 115 小时 33 分钟，环绕地球 77 圈，航程总计 320 多万千米。飞船在太空停留时间越长，意味着发生问题的概率越大，飞行控制也就更复杂更难。

（3）从一舱到多舱。神舟五号飞行中，航天员杨利伟一直待在返回舱内，也没有进行空间科学实验操作，而神舟六号两名航天员从返回舱到轨道舱吃饭、睡觉并进行空间科学实验，第一次有人参与空间科学实验活动。

（4）航天员脱下航天服。神舟五号飞行中，杨利伟一直穿着航天服，而神舟六号的两名航天员则脱下航天服到轨道舱活动。

（5）航天员吃上热饭热菜。神舟五号杨利伟只吃了一些小月饼，喝的是矿泉水；神舟六号上通过专门的食品加热装置，使航天员吃上了热饭热菜，品种达 50 多种。

（6）航天员多次长时间安睡。神舟五号杨利伟仅躺在座椅上睡了两觉，期间熟睡仅有半个小时；神舟六号两名航天员每天都睡了 7 小时左右，并且是在固定于轨道舱舱壁上的太空睡袋中安睡。

（7）航天员顺利解决如厕问题。神舟五号杨利伟使用的是航天服里一个类似于"尿不湿"的小便收集装置；神舟六号在轨道舱里装备了大小便收集器作为"太空马桶"。

（8）飞船更舒适。神舟六号飞船首次全面启动了环境控制和生命保障系统。通过 110 多项技术改进，飞船提高了冷凝水气的能力，确保飞船湿度控制在 80% 以下，改进了座椅的着陆缓冲功能，以保护航天员，让他们在返回途中座椅提升仍然可以看到舷窗外的情况。

（9）火箭更安全。发射神舟六号飞船的长征 2 号 F 运载火箭有 75 项技术改进，进一步提高了性能。

（10）启动副着陆场。神舟六号飞行任务全面启用了位于酒泉卫星发射中心附近的副着陆场，与位于内蒙古中部草原四子王旗的主着陆场相隔 1000 千米，可以起到气象备份的作用。主、副着陆场都配备了必要的搜救装备和人员，在飞船运行期间都全面启动，保证飞船安全着陆。

神舟六号的四项太空实验

神舟六号飞船飞行中，航天员首次进入轨道舱生活，并开展了微重力、育种等多项科学实验活动。

舱内活动实验

当飞船飞行第 13 圈时，费俊龙从轨道舱进入返回舱，将两舱之间的舱门关闭，6分钟后重新打开。舱门在太空中关闭密封和快速检漏得到验证，完全正常。一个多小时后，航天员费俊龙在返回舱在规定时间进行了穿脱压力服试验。飞行第 20 圈时，费俊龙从座椅上起身，拉着扶手、助绳，头先脚后飘入轨道舱，随后以原来姿势飘回返回舱。聂胜海则从轨道舱到返回舱进行了 2 次类似动作，三次穿舱试验顺利完成。航天员开关舱门、穿脱压力服、穿舱、抽取冷凝水，是在做"在轨干扰力"试验，试验结果让航天员敢于在舱内做一些幅度较大的动作。费俊龙穿舱试验后，轻松地在返回舱的两个舷窗间较快地飘来飘去，拿着照相机以不同角度拍摄美丽的地球。这项试验的成功，表明飞船能承受航天员舱内活动的扰动，姿态能保持正常。

对地观测实验

神舟六号上航天员通过目视镜对地球实施有目的的观测和测量，能方便地监测地球环境状况，包括确定大气和水的污染程度及污染性质，查清污染源；确定植被遭受病虫害的区域，清查林业用地和农业用地以及勘探尚未开发的区域。航天员在进行对地观测时，由于太空微重力的特殊环境，需要有特制的脚限制器，调整好姿态，稳稳地操纵观察镜进行观测操作，并拍摄出高质量的记录照片。

细胞实验

神舟六号上搭载了分离出来的活体心脏细胞，航天员分三个时段操作 24 个样品盒，将细胞培养带放置在腿上，按不同时段挤破分别装着激活剂与固定剂的两种胶囊，激活或固定活体细胞，考察飞船入轨前与入轨后不同重力条件下的细胞样品的状态与变化。通过这项实验，研究空间环境影响心脏和骨骼的细胞分子机理，揭示失重环境下人的生理心理上的一些特点，为人在太空生存奠定航天医学基础。

培养良种实验

神舟六号上搭载有农作物、植物和花卉种子，进行航天育种实验。航天育种是利用太空的物理环境作为诱变因子，使生物产生遗传性变异，通过对变异种子进行选优和筛选，获得具有优良性状的品种，从而培育出高产、优质、早熟、抗病良种。

问天阁出征仪式

12. 中国三名航天员的太空飞行

  2008年9月25日，是中国神舟七号飞船载3名航天员进行航天飞行的日子。这一天，中共中央总书记胡锦涛在酒泉卫星发射中心为航天员壮行，并观看神舟七号飞船发射飞行。20时10分，在105米高的发射架和58.3米高的船箭组合体前，翟志刚、刘伯明、景海鹏3名航天员已进入神舟七号飞船的返回舱，等待发射时刻的来临。中国载人航天工程总指挥常万全拿起电话，对3名航天员说："希望你们圆满完成此次任务，以优异的成绩向党中央、国务院和全国人民汇报！"话筒里传来航天员充满自信的回答："请祖国和人民放心！"

  21时10分04秒，"点火！"随着发射指挥员一声口令，长征2号F运载火箭起飞，载着神舟七号飞船飞向苍穹。

  "火箭飞行正常！""跟踪正常！""遥测信号正常！"发射场测控站的光学、红外、遥测设备，太原、渭南、青岛的测控站，分布在三大洋上的5艘远望号测量船，接力把跟踪测量数据传到北京飞控中心，表明飞船发射飞行正常。

  第120秒"逃逸塔分离"，第138秒"助推器分离"，第159秒"一、二级分离"，第198秒"整流罩分离"，第578秒火箭将飞船送入近地点200千米、远地点350千米的地球轨道。21时26分，在太平洋上的远望5号测量船捕获到飞船。翟志刚报告："神舟七号感觉良好！"21时33分，载人航天工程总指挥常万全宣布："神舟七号飞船已经进入预定轨道，发射取得成功！"

9月26日零时20分，翟志刚、景海鹏开始第一次睡眠。4时03分，飞船启动变轨程序，由椭圆轨道进入近圆轨道。9时，翟志刚和刘伯明开始进行轨道舱状态检查和舱外航天服组装、测试和在轨训练，持续了10几个小时，景海鹏则全神贯注地对飞船进行监测并与地面联络。

9月27日16时41分，翟志刚身着"飞天"舱外航天服开始太空行走。他向北京飞控中心报告："神舟七号报告，我已出舱，感觉良好。向全国人民、向全世界人民问好！"17时许，翟志刚成功返回轨道舱。在19分35秒的舱外活动中，翟志刚"走"过了9165千米。19时24分，神舟七号飞船飞行到第31圈时，成功释放一颗伴飞小卫星。这是中国首次在航天器上开展微小卫星伴随飞行试验。伴飞小卫星以缓慢速度逐渐离开飞船，并对飞船进行摄像和照相，它把存储的图片通过测控网传回地面。

9月28日12时50分左右，神舟七号返回舱关闭舱门。15时许，担任搜救回收"神七"飞船任务的车队从四子王旗乌兰镇出发，奔赴主着陆场。16时49分，远望3号测量船向飞船发出返回指令，飞船开始第一次调姿。返回舱与轨道舱分离，飞船第二次调姿，发动机点火制动，飞船正式踏上返乡路程。17时37分，飞船成功着陆，返回舱横卧在

航天员翟志刚成为中国太空行走第一人

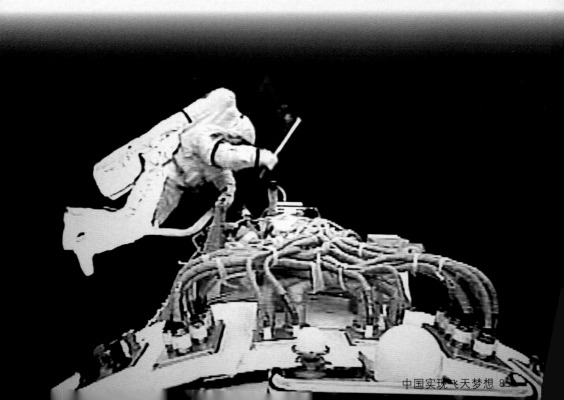

主着陆场的草地上。18时23分，翟志刚、刘伯明、景海鹏3名航天员走出返回舱，标志神舟七号载人航天飞行任务圆满成功。

神舟七号任务的圆满成功，实现了中国人漫步苍穹的飞天梦想，开辟了"太空任我游"的道路。

链接

神舟七号飞船航天员

翟志刚，黑龙江龙江县人，1966年10月出生，1985年6月入伍。1989年毕业于空军第三飞行学院，原空军某部飞行中队长、飞行教员，空军一级飞行员，飞过歼七、歼八等机型，安全飞行950小时。1998年1月正式成为中国首批航天员。2003年入选中国首次载人航天飞行航天员梯队，2005年入选神舟六号载人航天飞行乘组梯队成员。2008年9月25日，担任神舟七号飞船指令长，执行中国第三次载人航天飞行任务，首次实现太空行走。2008年11月7日被授予"航天英雄"荣誉称号，并获"航天功勋奖章"。

刘伯明，黑龙江依安县人，1966年9月出生，1985年6月入伍。原空军某部飞行中队长，空军一级飞行员，飞过歼八等机型，安全飞行1050小时。1998年1月正式成为中国首批航天员。2005年6月入选神舟六号载人航天飞行乘组梯队成员。2008年9月25日，乘神舟七号飞船执行第三次载人航天飞行任务。2008年11月7日被授予"英雄航天员"荣誉称号，并获"航天功勋奖章"。

景海鹏，山西运城市人，1966年10月出生，1985年6月入伍。原空军某部领航主任，空军一级飞行员，飞过歼六等机型，安全飞行1200小时。1998年1月正式成为中国首批航天员。

神舟七号航天员翟志刚（中）、刘伯明（右）、景海鹏（左）

2005年入选神舟六号载人航天飞行乘组梯队成员。2008年9月25日,乘神舟七号飞船执行第三次载人航天飞行任务。2008年11月7日被授予"英雄航天员"荣誉称号,并获"航天功勋奖章"。

三名航天员安全返回地面

神舟七号开舱回收的搭载物

2008年10月1日,神舟七号飞船返回舱开舱,经过了68小时27分钟太空洗礼的搭载物,由航天员带回地面。

(1)在太空舞动的五星红旗。神舟七号飞船发射前,中国载人航天工程各大系统的参试人员代表在酒泉卫星发射中心采用"十字绣"工艺手工绣制一面五星红旗,旗长45厘米,宽30厘米。航天员带上太空后,由刘伯明从舱内递给在舱外行走的翟志刚,翟志刚举起在太空摇动,然后返回舱内交给刘伯明收藏带回。

(2)"飞天"舱外航天服手套。在"神七"任务中,翟志刚穿着"飞天"舱外航天服,实现了中国航天员首次太空行走。因受返回重量限制,"飞天"舱外航天服留在太空中的轨道舱内,航天员只把航天服的一双手套作为纪念带回地面。每只手套长38厘米,直径16厘米,重0.8千克。太空实验的固体润滑材料 在"神七"太空飞行中,在舱外安装了进行太空暴露实验的固体润滑材料装置。这个实验装置重2.265千克,长27厘米,宽19厘米,厚5厘米。实验样品分五类80个,经过太空44小时的暴露实验后,由出舱航天员成功取回,回收状态良好。

(3)两岸同胞祝福录音U盘。由福建《海峡都市报》和台湾《中国时报》发起,以"采取两岸声音,让和平发展之声见证海西先行"为主题,经历半年多时间,采集两岸民众祝福录音。一个重量不足10克的U盘,凝聚着海峡两岸骨肉情深、血脉相通的手足情谊。这个U盘记录了两岸民众祝福"神七"、渴望和平发展的肺腑之音。

(4)丝质中国地图。"神七"上搭载了一幅丝绸制作的《中华人民共和国地图》。这幅地图长1.25米,宽0.95米,采用真丝大幅面无皱纹工艺制作,胶版四色复合工艺印刷。地图完整准确地呈现了中国的版图,图形精美清晰,色彩柔和悦目,工艺先进精良。这幅地图上还绘有中华人民共和国国旗、国徽、国歌和全国行政区域统计表。

(5)三清山濒危植物物种。江西三清山是世界自然遗产地之一。江西省精选了25种三清山的濒危植物种子,搭载"神七"在太空进行空间育种实验。这25种植物种子中,有白檀、水丝梨、大叶冬青、香楠等。利用太空特有的微重力环境观察生物生理或形态上的变化,研究重力和地球自转对生物生长发育和进化的影响。

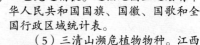

神舟七号返回舱搭载物品丝质地图交接

(6)其他旗帜、书画等物品。"神七"飞船还搭载了由老红军、老将军签名的3面中国工农红军军旗,文化部发起以"和平颂——太空飞行艺术之旅"为主题的一批书画篆刻作品,中国宇航学会征集的心系太空画和2008条来自全球网民的祝福等。

三、航天员的出舱活动

人乘飞船或航天飞机进入太空飞行，甚至进入空间站开展空间科学实验活动，还只是载人航天飞行的第一步。当航天员能够出舱进行太空行走，真正到敞开的太空活动，载人航天才达到"太空任我游"的新境界，才能扩大人类探索太空奥秘和开始利用太空资源的成果。

从载人飞天到实现太空行走，航天员面临的是一个没有氧气、没有大气压力、极端低温、有强烈电磁辐射的特殊环境，在空旷的太空活动充满艰险，必须增加防护措施，而且航天员完全处于失重状态，也必须依靠特殊装置进行活动，否则会飘离航天器，身不由己地坠入无底深渊。因此，航天员在太空中能够进行太空行走，必须是通过地面的艰苦训练，到太空后穿着舱外航天服，甚至要使用代步的载人机动装置，才能出舱自由活动。

太空行走，是指航天员离开载人航天器座舱，进入敞开的太空或到其他天体表面上活动，在科学术语上称为出舱活动或舱外活动。航天员的出舱活动，与载人航天器发射入轨和安全返回、载人航天器在轨交会对接和安全分离一起，是载人航天的三大基本技术。只有掌握或突破了这三项载人航天技术，航天员才能在太空驰骋翱翔。

航天员要安全顺利地完成出舱活动，首先要特别认识空间环境，其次要解决保障条件，提供太空行走的工具。航天员的出舱活动系统，包括舱外航天服、服装生命保障系统、气闸舱、载人机动装置、空间行走设备等。这个完善的出舱活动系统，不仅能排除出舱活动可能发生的风险，而且能顺利完成航天员出舱的各项任务。

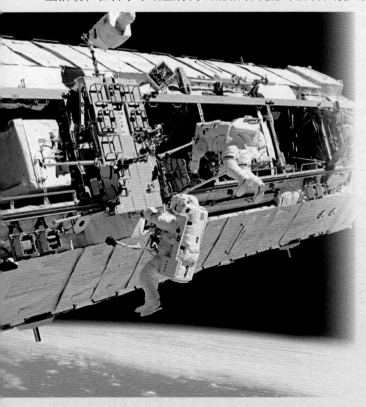

航天员在组装国际空间站

机械臂将航天员送入指定位置

1. 航天员太空行走的作用

　　航天员太空行走是载人航天活动的一个重要组成部分，是人类开发利用空间资源的一种必不可少的技术途径。太空行走在载人航天技术的应用发展中具有重要的作用和意义。

　　（1）在太空对航天器进行维护和修理，确保飞行安全和任务完成。航天器尽管经过地面精心的研制和充分的试验，具有较高的可靠性，但在太空飞行过程中仍不免会发生故障或出现各种问题，其中有些会影响飞行安全，需要航天员出舱进行检查维修，或更换无效和损坏的部件，排除故障事故，解决那些在完成航天任务中没有预料到的问题。

　　（2）在太空建造组装大型空间站，进一步完善空间探索的手段。在目前的技术状况下，大型空间站的建设只

航天员在维修和平号空间站

能靠发射一个一个舱段到太空组装，这就需要航天员进行太空行走，在舱外完成组建工作。这样才能让航天员在太空长期驻留，更有效地开展多种多样的空间科研和生产。

（3）在太空执行回收和释放卫星等飞行任务，扩大航天技术的空间应用范围。在太空载人出舱回收和释放卫星，可以提高效率，节约成本；在太空中的航天器外面安装有效载荷试验装置，并回收试验样品，会取得在地面难以得到的实验效果。

航天员正在维修哈勃空间望远镜

（4）在太空提供逃逸措施，成为一种实施救援的必要手段。载人航天器如出现故障而无法排除时，航天员可以从舱内撤出，转移到其他安全的航天器上返回地面，或者是通过太空行走自救互救，保证安全。

总之，航天员如不出舱活动，既不能对航天器进行维护，也不能在太空组建大型设施，许多空间实验就无从开展，许多航天任务也无法完成，更不可能到其他星球上建设太空基地，探索太空的工作就会受到限制。航天员实现太空行走，对于发挥载人航天工程的效益，将产生无法估量的作用。

航天员在维修天空实验室

2. 太空行走的空间环境

航天员乘坐的航天器通常都运行在200~400千米之间的低地球近圆轨道上，如中国神舟号飞船进入200~350千米左右的椭圆轨道后变轨到340千米左右的圆轨道飞行，国际空间站是在400千米高的圆轨道上运行。在这样高的地球轨道上，航天员出舱面临的空间环境，包括微重力、真空、热和紫外辐射、电离辐射、微流星体与空间碎片等环境的影响。

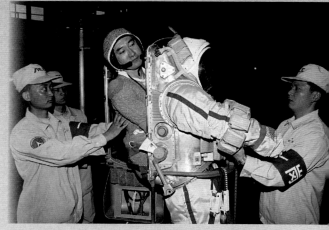

穿进航天服

微重力环境　在微重力作用下，航天员的神经与肌肉协调和控制能力会出现紊乱，引起人体的姿态平衡能力、运动协调能力和空间定向能力下降，容易产生晕眩、恶心、呕吐或定向障碍等航天运动病症状，严重时会引起肌肉萎缩，导致人体内分泌系统发生变化。

真空环境　航天员在真空环境里活动，可能会出现太空减压病。这种病的症状是关节疼痛，有时出现皮肤刺痛或瘙痒以及咳嗽、胸闷等，严重时还会产生神经循环虚脱。

热和紫外辐射环境　航天员在舱外直接受到太阳照射的一面温度可高达120℃，背着太阳的一面温度可低达–100℃以下，在此高温、低温环境下，人体的热平衡受到破坏，极端高温或低温会危及人的健康甚至生命安全。紫外辐射对人体会产生不同程度的损伤作用。

电离辐射环境　空间电离辐射中产生的粒子与人体作用时，将在人体内部组织细胞中引起电离、原子位移和化学反应，危害航天员的健康。

微流星与空间碎片环境　空间的微流星体与空间碎片速度很快，若与出舱活动的航天员相撞，会带来极其严重的后果。

这些环境因素，都会给航天员的舱外活动带来威胁，因此必须采取防护措施。除了在地面失重水池中进行训练外，最重要而有效的措施，就是航天员在太空穿着特制的舱外航天服和背负载人机动装置进行工作。

活动服装关节

中国航天员在水槽中训练

3. 地面训练用的失重水池

　　航天员太空行走的地面训练设备有重力模拟器、失重飞机、中性浮力水池和专用太空操作模拟器，其中最常用的是中性浮力水池。所谓"中性浮力"，是指浸没在水中的物体受到的浮力和重力大小相等，并且重心和浮力位置基本一致的状态。在这种状态下，物体停留在水中的某个位置，既不上浮，也不下沉，和在太空中一样逼真。这是在地面模拟太空失重环境的一种理想方法，是航天员太空行走训练的必备设备。

　　这种中性浮力水池俗称失重水池，是一个像游泳池一样的设备，把航天器放置其中，利用水的浮力模拟太空的失重状态，然后航天员在水池里反复进行出入座舱和舱外各种操作训练，模拟太空行走。美国的训练航天服备有生命保障系统，不受脐带通气限制，在水下活动自由；俄罗斯的训练航天服用一根脐带与水池上的一台空气压缩机相连，供氧方法类似潜水服。

日本的中性浮力水池

世界上的中性浮力水池主要有五个：美国两个、俄罗斯一个、日本一个、中国一个。

美国马歇尔航天中心的中性浮力模拟水池建于1968年。水池呈圆形，直径22.8米，深12米，蓄水量1100万升。由钢板焊接制成，内壁涂聚酯树脂，外围建有三层平台：顶层用于放置潜水支持装备，中层设有维修间、贮存间及观察间，底层为地面。水池舱壁上的观察窗也

俄罗斯加加林航天员培训中心的中性浮力水池

用作照明孔，使用泛光灯为水池内照明。水池的过滤和净化系统可提供清洁并具有良好可见度的水，水温控制在30℃左右。水池有供气、控制、通信、装备运输和起吊、安全保障、救护和医疗等系统。

美国约翰逊航天中心的中性浮力水池，由原来的失重环境训练设备改建，20世纪70年代中期建成。水池呈长方形，能放置一个航天飞机的货舱模型。水池长24米，宽9.8米，深7.6米，蓄水量182万升，水温保持在31℃。除设有标准的过滤、加氯消毒和水泵系统外，还有一整套辅助设施，包括航天飞机轨道器货舱模型、遥控机械臂、气吊设备、环境控制系统、通信系统、服装加重系统、闭路电视系统、穿衣室和医务室等。

俄罗斯加加林航天员培训中心的中性浮力水池，20世纪70年代建成。池中过去装下和平号空间站核心舱模型，后来改成装下国际空间站上俄罗斯的服务舱模型。水池呈圆形，直径22.4米，深12米，水池周围设有观察窗口和照明窗口，水温保持30℃。水下生命保障系统提供的压缩空气中氧的浓度为17%~23%。升降平台长20米，宽10米，承载重量15吨。池体由不锈钢板焊接而成，在不同深度水池周围安装有45个舷窗，其中2个为长方形，作为主监测窗口，

美国约翰逊航天中心的中性浮力水池

其余为圆形。航天员呼吸和服装内通风通过一根脐带式软管完成，每套服装可供训练40次。

日本筑波航天中心的中性浮力水池，主要为国际空间站上日本建造的希望号实验舱训练航天员用。水池为圆形，直径15米，深10.5米，能容纳整个希望号实验舱。航天员训练背上背包是棱型，航天员的氧气供应和服装内温度调控通过脐带式软管完成。水池旁边有控制室，室内有视频和通信系统。水池旁还有应急高压氧舱及穿脱航天服的设备、重力试验和训练设备、航天服维修和储藏设备等。

中国的中性浮力水池，2007年建成。水池直径23米，深10米，是一个标准的圆筒。池体材料为不锈钢板，距离池底4.6米处，均匀布设了12个圆形的照明窗。由于深水的压力，照明窗由双层石英玻璃制成。在池底外侧的各个照明窗处配置了1000瓦的照明灯，用于为水池内部补光。距离池底7.6米处，均匀布置了12个有机玻璃观察窗。水池内配有水处理系统、控制系统、监测设备、起吊设备、信息传输设备。水池训练航天服在外形和性能上与真正的舱外航天服大同小异，能在水下使用40次。水池中的轨道舱模型，在外形尺寸和设备布局上与真正的飞船轨道舱相同，不同的是它满身是穿孔，这是因为它在水底时，要让体内全部充满水，才能达到模拟效果。水池的设计考虑了使用方便和安全。

航天员在中性浮力水池中训练

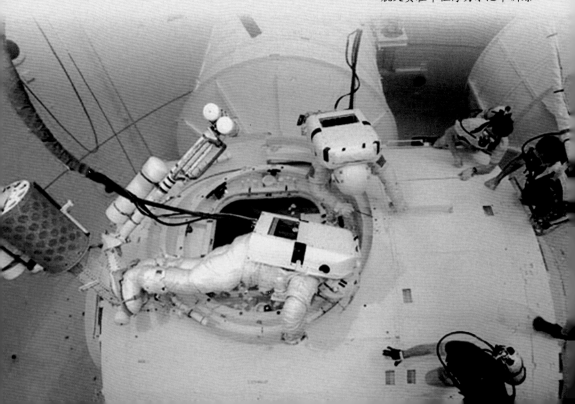

4. 航天员舱外活动航天服

舱天员太空行走，由于太空环境恶劣，不仅有高真空、缺氧、极端的温度变化和宇宙辐射，而且还有太空垃圾、微陨石和微陨尘，必须穿着舱外活动航天服来保证身体健康和生命安全。

航天员的舱外航天服不仅具有独立的生命保障和工作能力，而且还具有良好活动性能的关节系统以及在系统故障情况下的应急供氧系统，实际上可以看成是一个具有操作活动的小型载人航天器。全套舱外航天服的质量大约为 120 千克。它由多层薄细的特殊纤维材料制成，内部加压，保持适当的温度、湿度环境，能屏蔽太阳光和宇宙辐射，能承受太空 –157℃到 121℃的温度变化，还能阻挡宇宙尘粒的伤害，具有良好的活动性能。目前，舱外航天服已能达到保证航天员在舱外独立工作 8 小时的水平。舱外航天服技术高度密集、工艺复杂、材料昂贵，每套最初约值 1200 万美元，新型舱外航天服要上亿美元。

舱外航天服

舱外航天服由服装、头盔、手套和靴组成。

服装分层，最里层是液冷通风服衬里；衬里外是液冷通风服，由尼龙弹性纤维和输送冷却液的塑料细管组成；液冷通风服外是加压气密层；然后是限制加压气密层向外膨胀的限制层；最外面是防护层。防护层要有连接其他装具的接口，可连接航天员舱外活动时的脐带、背负式生保装备和太空机动装置等。舱外航天服用上半身、下半身和手臂部分分开裁剪制造。上半身有一个硬质玻璃纤维壳，是服装的支架，用于支持便携式生保系统等出舱活动电气连接设备以及腰部密封环。下半身包括裤子、靴子和腰部连接环，腰部装有轴承，可保证身体旋转和活动。

头盔由头盔壳、面窗和颈圈等组件构成。头盔有软式和硬式两种，其中硬式头盔又分为固定式和转动式两种。转动式头盔在颈圈上有气密活动轴承，但密封环节增多会降低气密性和结构的可靠性，增加设计难度。头盔壳所用材料具有强度高、抗冲击和耐热性好的优点。

手套与服装通过腕圈接连。它要符合航天员的手型，能快速穿脱，在各手指关节部分有波纹结构，便于操作。

靴子由压力靴和舱外热防护套靴组成，通常将脚踝部活动关节设计在压力靴上，并与压力服相连接。

这种舱外航天服除了服装以外，还有安装在服装背部的生命保障系统。

美国航天员的舱外航天服

美国宇宙飞船、登月飞船、天空实验室、航天飞机、国际空间站上的航天员使用过不同类型的舱外航天服，但大体上大同小异。

航天飞机上使用的舱外航天服统称"出舱活动装备"（EMV），共有14层18个部分，包括主生保系统、辅助氧气瓶、显示控制盒、生理测量系统、气闸舱内用冷气脐带、电池、服装内大气污染控制盒、服装上半身、上肢、手套、头盔、液冷通风服、尿收集袋、头盔上遮阳板、饮水袋、通信装置、气闸舱内服装固定装置。

其中液冷通风服是衣裤一体的工装，前面有一条长的拉链，从胸部到下腹部，可方便穿脱。衣服上布满输送冷却液的塑料细管，全长91.5米。冷却液通过这些塑料细管带走服装内多余的热量。塑料细管与主生保系统相连，后者可对冷却液重新冷却。液冷通风服上还有较粗的通风管，通风管的吸气口在手腕部和脚踝部，然后沿上肢和下肢外侧上行，最后通到背部。在背部通风管与航天服的躯干通气管相连，气体即进入主生保系统。从主生保系统中出来的纯氧，进入服装后通过另一条管道到达头盔，输出的气流直接对着航天员的面部。通风管不仅带走服装内的二氧化碳和汗液，而且还补充纯氧。

航天飞机的舱外航天服一般15分钟左右就可穿戴完毕，但出舱活动则需一个复杂而费时的准备过程。这种舱外航天服的质量为125千克，服装内的正常压力为29.7千帕。服装的生保系统包括主生保系统和辅助氧气瓶，主生保系统就是航天员背上的背包，尺寸为80厘米×58.4厘米×17.5厘米，辅助氧气瓶在其下边，用于确保安全供氧。航天飞机的舱外航天服虽然有独立的生保系统，但也可以连接脐带，脐带主要是在气闸舱内使用，通过脐带可向服装生保系统充电，补充氧气和冷却用水。

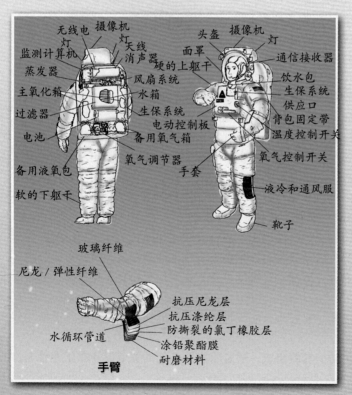

美国航天飞机舱外航天服

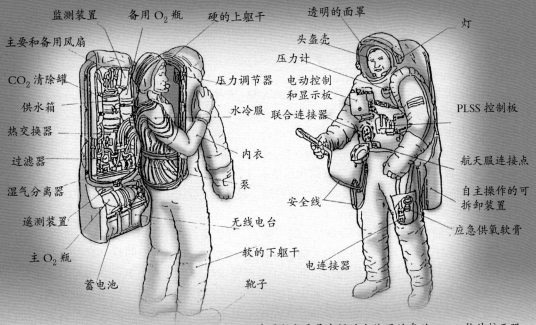

监测装置　备用 O_2 瓶　硬的上躯干　透明的面罩　灯

主要和备用风扇

CO_2 清除罐

供水箱

热交换器

过滤器

湿气分离器

遥测装置

主 O_2 瓶

蓄电池

头盔壳

压力计

压力调节器　电动控制和显示板

水冷服　联合连接器

内衣

泵

安全线

无线电台

软的下躯干

靴子　电连接器

PLSS 控制板

航天服连接点

自主操作的可拆卸装置

应急供氧软膏

俄罗斯和平号空间站上使用的奥兰 DMA 舱外航天服

俄罗斯航天员的舱外航天服

俄罗斯载人飞船和空间站上使用奥兰（海鹰）型舱外航天服，先后有 D、DM、DMA 和 M 四种，每套质量为 70~105 千克，可完成 15~40 次舱外活动。

从 1997 年 4 月开始，俄罗斯和平号空间站和国际空间站上的航天员使用奥兰 M 舱外航天服，这种舱外航天服提高了手臂、躯干、髋关节的灵活性。改进了电子和通信系统的性能，增加了出舱活动的次数。

奥兰 M 舱外航天服在上臂和下肢的腿肚附近增加了轴承，上臂轴承让航天员的手臂活动更省力，动作更准确；腿肚轴承可以让航天员的脚左右旋转 70°，满足了航天员操纵机械臂的要求。

肩关节的改进，提高了手臂的外展和内收范围，上臂从身体两侧向上举的最大角度可达 90°。髋关节也加上轴承，航天员可以向前弯腰到 40°。航天服的刚性胸甲向上提高了 60 毫米，使腰关节加长，腰部的活动度也增大。

胸甲的上提必然使背包升高，背包的上缘与头盔持平，这样航天员穿航天服时头不用太低就能钻进去，方便了航天员穿脱航天服，特别是生病或负伤的航天员容易脱下航天服；扩大了胸甲的内部容积，提高了穿着的舒适性；优化了头盔的结构设计，可以在头盔顶部加一块护目镜样的遮阳板，使航天员能够向前看。

手腕处用一个备用气囊取代腕部应急气密袖套，这样就去掉了原来的气密袖套启动器、压力传感器和通气管，从而简化了航天服生命保障系统的设计。手套的腕部连接处加了一个气密装置，提高了手套的安全可靠性。

奥兰 M 航天服的冷却循环回路中增加了几个备用水泵，采用一种压力制度，装有更大的非再生污染控制盒和新的湿气分离器。在国际空间站上的这种舱外航天服出舱活动的次数可达 15 次。

中国的"飞天"舱外航天服

中国航天员出舱活动穿着"飞天"舱外航天服，质量为120千克，单套价值3000万元，可靠系数0.997，可支持至少4小时的舱外活动。"飞天"舱外航天服最高2米，配有1.3米高的生命保障系统。

"飞天"舱外航天服从内到外分为6层：由特殊防静电处理过的棉布织成的舒适层、橡胶质地的备份气密层、复合关节结构组成的主气密层、涤纶面料的限制层、通过热反射来实现隔热的隔热层和最外面的外防护层。最外层的防护材料可耐受 ±100℃以内的温度。

"飞天"舱外航天服包括头盔、上肢、躯干、下肢、手套和靴子6个部分。

头盔上装有摄像头，可拍摄航天员出舱操作；两侧各有1个照明灯，可照亮服装胸前部分，方便航天员在暗面操作；两侧还装有警示灯，在航天服出现泄漏时闪动报警和语音报警。它的面窗有4层，其中2层为充压结构，之间充高纯氮气和防雾剂，第三层是防护面窗，最外层是镀金的滤光面窗，对阳光折射率低，能防止阳光直接照射人眼。

中国"飞天"舱外航天服示意图

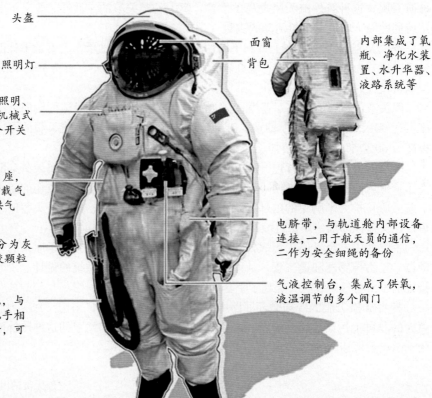

头盔

照明灯

面窗
背包

内部集成了氧瓶、净化水装置、水升华器、液路系统等

电控台，包括照明、数码管控、机械式压力表等9个开关

气液组合插座，用轨道舱舱载气源为航天员供气

手掌部分为灰色的橡胶颗粒

2根安全系绳，与轨道舱外的把手相连，内有弹簧，可承受1吨的力

电脐带，与轨道舱内部设备连接，一用于航天员的通信，二作为安全细绳的备份

气液控制台，集成了供氧，液温调节的多个阀门

躯干壳体为铝合金薄壁硬体结构，厚 1.5 毫米，有极高的强度。抗压能力超过 120 千帕，经得起地面运输、火箭发射时的振动，还能连接服装的各个部位，承受整套服装的重量。外壳上装有电控台、气液控制台、气液组合插座、应急供氧管和电脐带等仪器设备。

手套必须灵活，同时也要有一定的厚度，以保证气密性、隔热性，因为出舱活动主要靠手完成操作和"行走"。每位航天员量身定做，戴着它能够轻松地握持直径为 25 毫米的物体。手套外层为纤维织物，有 2 层气密层，使用特殊隔热橡胶材料，能耐受 100℃高温。指尖部分只有 1 层气密层，以保持触角，手指其余部位采用 2 层真空屏蔽隔热层。手套的手背位置装有可以翻折的热防护盖片，它不仅能提高手套的热防护能力，还能保证手指关节的灵活性。

"飞天"舱外航天服具有供氧、温控、二氧化碳吸收等环境控制、生命保障与安全防护功能，还带有无线和有线通信系统，有线通信通过与飞船相连的 8 米长电脐带来实现，这根电脐带用于传输航天员生理参数，可与地面控制中心直接通信，还起到一定的安全保障作用。

检修舱外训练服

5. 舱外航天服的穿戴

航天员穿戴舱外航天服有一套程序和步骤,不同型号的航天服穿脱的顺序不一样。美国航天飞机舱外航天服穿戴程序是:

(1)穿强力吸尿裤。

(2)穿液冷通风服。

(3)戴上生物电子连结装置。这种装置上有测量航天员心率的传感器和外界进行通信联络的电子设备。

(4)穿衣前的准备工作:在服装左侧袖子的手腕处装上一块小反光镜,在服装上身前胸部位装上一个小食品袋和一个饮水袋,在头盔上装上照明灯和电视摄像头,最后将通信帽与生物电子联络装置连接在一起。

(5)穿服装的下半身。下半身服装的腰部有一个大的带轴承的关节,便于航天员弯腰和转身。

(6)穿服装的上半身。先将气闸舱的冷却脐带管插入服装胸前的显示控制盒的接口上,以便向服装内提供冷却水、氧气和电力。服装上半身是挂在气闸舱壁的支架上,

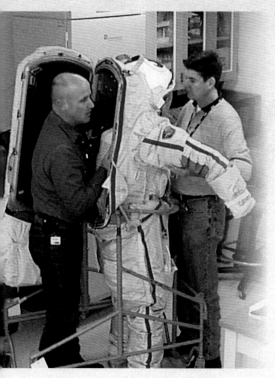

俄罗斯后开门式舱外活动航天服

美国目前使用的舱外航天服

中国"飞天"舱外航天服

舱外航天服整装完毕

航天员必须蹲下身体，手臂向上伸，钻进服装内。服装上、下身穿好后，将密封环连结在一起，然后又将各种供应管线与服装相连。

（7）戴上通信帽、头盔和手套。航天员通过脐带呼吸从航天飞机轨道器提供的氧气。

（8）对服装加压，并由航天员对服装进行测试，目的是保证服装不漏气，而且内部压力稳定。

（9）开始呼吸纯氧，进行吸氧排氮，目的是预防减压病。

（10）关闭气闸舱的内舱门，气闸舱进行减压。当气闸舱内的压力降到零时，打开气闸舱的外舱门，同时航天员将服装与气闸舱的所有联结断开，将安全带的挂钩勾在舱外的固定杆上。

经过这些程序和步骤后，舱外航天服即穿戴整齐，航天员即可出舱进行太空行走了。

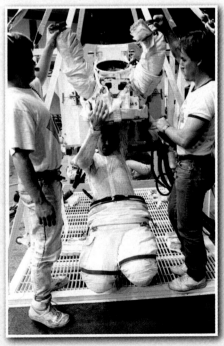

美国分体式舱外航天服

6. 便携式生命保障系统

航天员舱外活动航天服都连着便携式的生命保障系统，它实际上已经成为舱外航天服的一个重要组成部分，为保障航天员出舱安全发挥着重要作用。

苏联/俄罗斯载人飞船的舱外服装生命保障系统

上升号飞船的生命保障系统是开放式的，装在金属背包内，可工作45分钟。航天员的脐带是一条长7米的绳索，绳索中除有应急供氧的软管外，还有减震装置、无线电通信和生理遥测线路。

联盟号飞船使用再生式生命保障系统，工作时间达到2.5个小时。它包括工作压力为42M帕的供氧设备、二氧化碳吸收管、小型蒸发式热交换器、通风设备和服装测量系统等。它用闭合回路的气体循环来排除航天服内的湿气和调节温度。

美国载人飞船的舱外服装生命保障系统

双子星座号飞船配备的生命保障系统，是使用长7米的脐带，如果脐带供氧发生故障，舱外活动生命保障系统可供应30分钟的氧气。

阿波罗号飞船的生命保障系统是气冷式背包，用于为航天员提供呼吸用的氧气、冷却用的水，并维持服装内的压力，以及与地面的无线电通信联络，可保证航天员在月面活动8小时。返回登月舱后还可再充电和补充氧气。

空间站上的舱外服装生命保障系统

礼炮6号空间站上的服装生命保障系统，由供氧系统、维持压力系统、通风系统（装有清除二氧化碳和微

俄罗斯舱外航天服上的生命保障系统

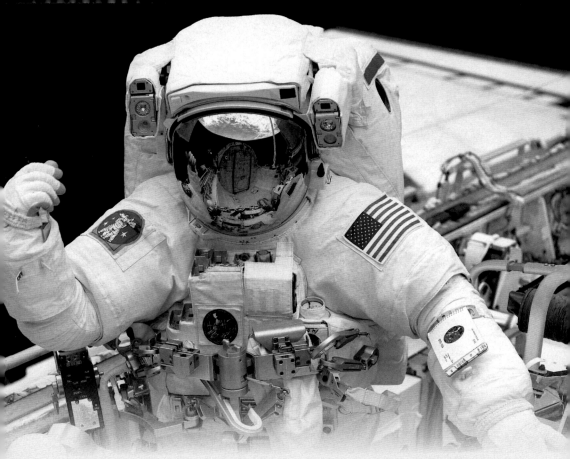

美国舱外航天服上的生命保障系统

量有害物质的空气净化装置）、热控制系统（包括冷却水回路、液冷服、热交换器）等组成。它是自主式的，但通信和电力仍靠脐带从空间站上供应，最长工作时间 3 小时。

礼炮 7 号空间站上的服装生命保障系统，由供氧系统、空气再生系统、温控系统和电器设备系统组成。供氧分系统主要是容积为 2 升的氧气瓶，还有减压器、压力调节器、保险阀等。空气再生分系统用于排除服装内的二氧化碳、有害气体和水蒸气，并保持服装内的气体循环。温控分系统能使服装不受太空环境和空间站热流的影响，将服装内由人体和生命保障系统部件产生的多余热量排除，保持服装内的热平衡。

和平号空间站上的服装生命保障系统备有主要供氧和备用供氧系统，分别装氧气 1 千克。主要供氧分系统能提供 0.206~0.255 千克 / 小时的氧气，维持 0.4 个标准大气压。在此情况下，航天员只需预吸氧 30 分钟，在压力下降到 0.22 个标准大气压时，打开备用供氧分系统。

天空实验室上的生命保障系统是用脐带取代，只在完成比较复杂的工作，使用脐带不方便时，才使用独立的生命保障系统。

国际空间站上，俄罗斯航天员的舱外航天服和美国航天员的舱外航天服都备有独立的生命保障系统。

美国航天飞机上的舱外航天服除有脐带连接外，也有独立的生命保障系统。

航天飞机气闸舱和舱门

7. 载人航天器上的气闸舱

　　航天员出舱活动是从舱内高压环境进入舱外低压环境，必须要通过一个气密性的过渡舱段，称为气闸舱。它的作用是：第一，在打开载人航天器的舱门时防止加压座舱内的气体丧失；第二，在航天员出舱前对大气压力进行调节。如果航天员在加压座舱内穿上航天服，从高压环境很快转为低压环境，就可能患一种减压病；如果在气闸舱内，高低压环境之间有一个过渡，航天员又预吸氧，就可以预防发生减压病。

　　气闸舱就是居于两个大气压力不同空间之间的一个舱室，舱室两端有两扇不透气的舱门，目的是防止两个空间之间的气流交流，保证航天员进出太空的绝对安全。

　　最初，从载人飞船上出舱进行太空行走，一般不需要气闸舱，因为在飞船座舱内航天员的活动空间比较小，而且每次飞行中航天员进行太空行走的次数也不多，采用座舱减压的方法就能对付了。即航天员要出舱进行太空行走时，由于座舱内采用的是纯氧大气，就先在舱内预吸纯氧，这样在航天员从座舱压力转换成服装内压力时，就不会有患减压病的危险。航天员完成太空行走回舱后，再关上舱门，重新给座舱加压，也不致浪费太多的氧气。后来的航天飞机和空间站的加压舱都是使用氧氮混合大气和海平面大气压力，而且航天员的活动空间较大，空气排空后再重新加压，会造成气体的极大浪费，所以必须加装气闸舱，解决航天员不致患减压病的问题。

　　航天员在出舱活动前后，为了方便在失重环境中行动，气闸舱要安装各种扶手和脚限制器。通常扶手安装在电子仪器和环控生保系统的操纵仪表盘附近。特制的铝合金扶手安装在气闸舱舱门的两边，用环氧酚醛粘合剂贴在气闸舱壁上，在气闸舱的地板上安装的脚限制器可以旋转，用弹簧插销固定。

　　气闸舱内可存放两套舱外航天服，还有维修保养航天服和为两名出舱活动航天员服务的各种必要设备。航天服存放设备不仅可以将航天服固定在一定的位置，而且还能协助航天员穿脱和测试航天服。在准备出舱活动过程中，航天员先穿上液冷通风服，然后进入气闸舱内穿上航天服的上半身，又蹲下身子将头钻进服装的上半身，然后将腰部的连接环接好，最后戴上手套和头盔。气闸舱内的设备通过脐带式软管向服装提供电力、通信、氧气和冷却水。这时，航天员就可走出气闸舱进行太空行走了。

链接

载人飞船上的气闸舱

　　苏联上升2号飞船上的气闸舱称伏尔加号气闸舱，重250千克，直径0.7米，高0.77米，以折叠状态固定在飞船返回舱外的上方。航天员进行出舱活动时，气闸舱充气，舱长2.5米，内部直径1.0米，外部直径1.2米。它安装在飞船的舱门上，由三部分组成：一个直径1.2米的金属环，扣在飞船的舱门上；一个长2.5米由两层化学纤维制成的气囊，气囊由36根橡皮棒支撑起来；一个直径1.2米安装在舱门上方的金属环。气闸舱中有为保证充气展开的系统、压力调节系统、控制板、照明灯、摄影

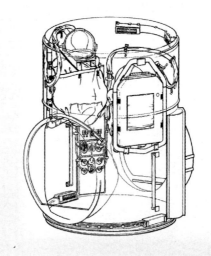

航天飞机的内置气闸舱

机和航天员用的脐带式软管等。飞船上有4个环形氧气瓶供橡皮棒充气和气闸舱加压。这个充气式气闸舱7分钟就可以打气膨胀。

　　其他的载人飞船，如俄罗斯的联盟号飞船，美国的双子星座号、阿波罗号飞船都没有气闸舱。

空间站上的气闸舱

　　美国天空实验室上安装了一种多用途气闸舱。它既是航天员出舱活动的一个舱门，又安放了一些通信、控制设备，而且作为一个结构件把轨道工场与对接装置连接起来。气闸舱呈圆筒形，重225千克，长5.4米，基本直径3.1米，最大直径6.55米，舱内活动容积17.66立方米。它由两个同轴的大圆筒组成，外圆筒外边有一个有效载荷防护罩，内圆筒又是连接通道。两端是舱门，当气闸舱减压时可以关上。此外，在气闸舱的舱壁上还有一个舱门，航天员通过这个舱门进行出舱活动。

　　苏联的礼炮号空间站上的气闸舱，长3米，直径2米，有4个开口：后部开口安装对接系统，前部开口与工作舱相通，顶部开口有一扇可以开关的密封舱门供航天员出舱活动用，底部开口与一个用于将返回舱弹到太空中去的小舱室相连。

　　俄罗斯的和平号空间站上气闸舱，位于量子2号实验舱内向外一端，内有一个直径为1米的舱口，供航天员进出空间站通过。此外，在量子2号的仪器舱也有一个舱门，可以密封和减压，作为备用气闸舱或气闸舱的扩大部分。在量子2号实验舱发射到和平号空间站对接前，航天员是通过仅有0.8米直径的对接舱口出舱活动。这个气闸舱还充当存放舱外航天服和载人机动装置的仓库。

航天飞机上的气闸舱

美国航天飞机上的气闸舱功能完善，技术标准。它位于航天飞机乘员舱的中层甲板舱内，内部直径 1.58 米，长 2 米，容积 4.2 立方米，能同时容纳两名穿着航天服的航天员。前后有两个压力密封的舱门，内舱门与中层甲板舱相通，作用是将气闸舱与轨道器的乘员舱分开，在航天员进行出舱活动时保证乘员舱内不会发生减压；外舱门与货舱相通，作用是将气闸舱与货舱隔开，航天员通过此门即可进入货舱。舱门直径 1 米，两边都能锁上和打开，使用寿命可达 2000 次。舱门上一个直径 0.12 米的观察窗，供航天员观看舱内外情况。在不进行出舱活动时，气闸舱内的空气循环系统保证舱内空气流通。在发射时，气闸舱空气循环系统的导管挂在舱外的舱壁上；到轨道上后，航天员通过内舱门上的开口将导管插进气闸舱。当舱门关闭气闸舱准备减压时，需要将空气导管拔出来。在航天员出舱活动准备期间，导管可用来补充航天飞机中层甲板舱内的空气循环。气闸舱内还装有航天员活动使用的扶手、脚限制器和泛光灯等。航天飞机除这种内置气闸舱外，还在货舱内备有外置气闸舱。在每次航天飞行时，航天飞机可供 2 名航天员完成 3 次时间长达 6 小时的出舱活动。

国际空间站上的气闸舱

国际空间站上的气闸舱叫探索号联合气闸舱。舱长 6 米，直径 3.9 米，重 6500 千克，包括人员气闸舱和装备气闸舱两部分。人员气闸舱供美、俄航天员出舱活动共用，舱内有照明和脐带式接口装置，可以同时给两套航天服供水、回收废水、供氧、供电和通信联络；装备气闸舱除存放航天员出舱活动用的各种装备外，供航天员在里面预吸氧，还可供航天员对服装进行定期保养维修，因此舱内有各种维修保养工具和设备。

此外，在探索号联合气闸舱发射到国际空间站对接之前，俄罗斯的星辰号服务舱前端有一个较小的球形过渡舱，它除作对接舱用外，还充当气闸舱用，俄罗斯航天员到国际空间站上就从这里出舱活动。这个球形过渡舱上有 3 个小观察窗口，每个直径 0.23 米。航天员出舱活动期间，星辰号服务舱向地面飞行控制中心提供数据、声音和电视信息。在探索号气闸舱之前，航天员为了建造国际空间站，借助这个球形过渡舱已进行过 25 次太空行走。国际空间站上新安装的探索号气闸舱配有 4 个高压气罐，为探索号供气，以调节气压，使执行太空行走的航天员可以自由进出空间站。

中国神舟七号飞船上的气闸舱

中国神舟七号飞船上的气闸舱是由轨道舱改装的，舱门从原来的 750毫米宽重新设计为 850 毫米，便于

神舟七号上的气闸舱

穿着舱外航天服的航天员出
入，同时解决了舱门的开向、
开多大角度合适等问题。舱
门约重 20 千克，却有 170
多个零部件，其中门体用铝
合金材料，机件用合金材料。

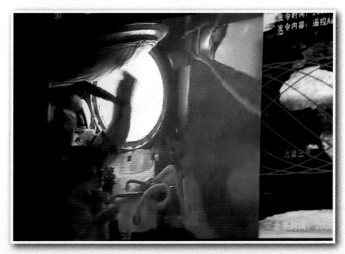

　　气闸舱舱门选择向内开
启 100°，舱门上的门轴经受
了各种极端环境的考验。航
天员开关时，转动 750 毫米
长的开关手柄，力通过机件
到中心主轴上，再通过机构
放大传到门框的压紧锁块
上，从而实现门的开关。门
框上装有 3 个压紧开关，如
果舱内泄压不充分，舱内外
压力差过大就会导致舱门打
不开。为此，在压紧锁块上

神舟七号航天员正在打开舱门

专门设计了突出物，当航天员转动手柄 60° 的时候，突出物把舱门顶起一条肉眼看不到的缝隙，
待空气泄尽，再继续旋转手柄舱门就打开了。如果还不能打开，有一根 L 形的舱门辅助工具。
这个工具像拐杖，在异常情况下可以用它当撬杠开舱门。

　　当航天员返回气闸舱时，必须肯定舱门密封严实，安装在门框上的舱门快速检漏仪在短短几
分钟之内就能判断出舱门是否关闭完好，出舱航天员确认舱门关闭好了，然后才脱下舱外航天服。

神舟七号舱门打开瞬间

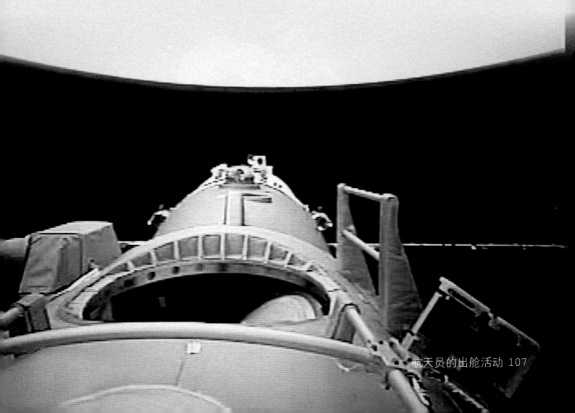

8. 舱外活动的载人机动装置

　　航天员太空行走，不是用脚，而是靠手握住扶手前后左右移动，或者使用特制的身体移动工具活动。最初，航天员使用手持喷气装置喷气产生反作用力进行太空行走；后来，航天员配备一种喷气背包，靠喷嘴喷出气体，推动航天员的身体朝一定方向移动行走。这种背包式的载人机动装置由压缩氮气箱、供气系统、喷气推进器、电子控制设备、温度控制装置和蓄电池组成。航天员操纵左右机械手臂上的手控制器控制高压氮气，从安装在不同部位的喷管喷出，以改变飞行的速度、方向、姿态，实现上下、左右、前后的移动，达到顺转或逆转等机动的目的。

　　这种航天员在舱外代步的载人机动装置几经演变，美国和俄罗斯已有多种类型。

　　自足式手提机动喷射装置，最初为双子星座 4 号航天员怀特试用，重 3.4 千克，内装高压氮气作推进剂。这个装置有 3 个喷管：2 个对着后方，1 个对着前方。开动后方

美国的载人机动装置

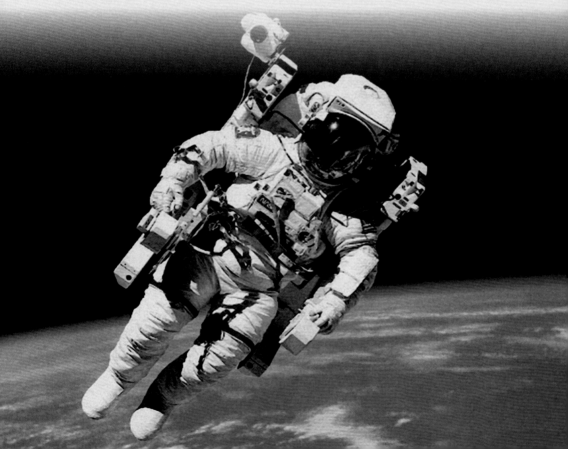

2 个喷管，就可推动航天员向前移动；开动前方 1 个喷管，就可停止移动。

背包式机动喷射装置，最初由双子星座 8 号航天员试用，装置内的推进剂改用氟利昂 14，容积 7200 立方厘米。

脐带式机动喷射装置，最初为双子星座 10 号和 11 号航天员试用。使用氮气作推进剂，有两个 11150 立方厘米的容器，用一根长 17.4 米的脐带式软管与机动喷射装置相连。软管内除氮气管外，还有一根氧气管与航天员的服装相连。

空军航天员机动装置，重 75.29 千克，最初为双子星座 9 号和 12 号航天员试用，体积为 81.2 厘米 ×55.8 厘米 ×48.2 厘米。它包括推力、控制、供氧、电力、警报、通信几个系统。

M509 机动装置，美国天空实验室上的航天员使用，重 115.6 千克。外形像个长方形背包，长 105 厘米，宽 68 厘米，厚 39 厘米，内装高压氮气瓶，背包周围装 14 个喷嘴，分别指向上下、前后、左右。打开喷嘴，航天员不仅可作 6 个方向的移动，而且还能翻滚和旋转。

脚控机动装置，又称喷气鞋，靠脚来控制和移动身体。外形像一辆自行车，有车座、背包和控制器。背包内装有高压氮气，每只鞋上装有 4 个喷射器，能让航天员做 3 个轴的运动。这套装置

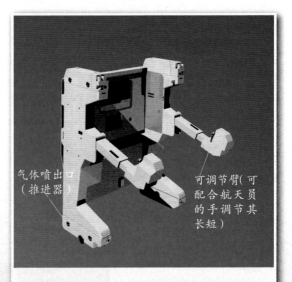

气体喷出口（推进器）

可调节臂（可配合航天员的手调节其长短）

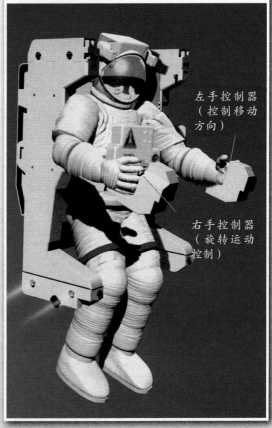

左手控制器（控制移动方向）

右手控制器（旋转运动控制）

载人机动装置示意图

在天空实验室上用过。

航天员机动装置，为礼炮号空间站研制，与舱外航天服一起设计，装置重 90 千克。外形呈马蹄形，围绕在航天员腰部。装置上有向前和向后两个推进器，装有 42 个微型固体发动机；另外还有 14 个空气推进器，让航天员能做 6 个自由度的转动。

UPMK 载人机动装置，在和平号空间站上使用过。装置存放在量子 2 号实验舱内，自重 218 千克，机动速度每秒 30 米。在有安全带连结的情况下，机动范围 60 米，没有安全带时为 100 米。

简易太空救援装置（SAFER），由航天飞机上试用后，在国际空间站上使用。这种装置比载人机动装置小，高 35.6 厘米、宽 66 厘米、厚 25 厘米、重 37.6 千克。使用高压氮气，安装 24 个喷嘴，最大移动速度为每秒 3 米。装置放在生命保障系统背包上，通过航天员胸前的控制器，可以向任何方向转动和前进。

俄罗斯的载人机动装置

航天员站在国际空间站机动服务系统的顶端

9. 舱外活动的专用设备

航天员进行出舱活动，特别是执行组装、维修和建造任务，必须配备各种工具和设备，最常用和必不可少的是安装机械臂。

航天员在太空用的机械臂主要有 5 种：

美国的遥控机械臂 美国在航天飞机上使用的遥控机械臂，长 15.2 米，直径 38 厘米，重 450 千克，能做 6 个自由度的运动。机械臂分成上臂和下臂，上臂与肩关节和肘关节相连，下臂与肘关节和腕关节相连。它能抓吊重 29 吨的有效载荷，能对卫星进行回收、安放和维修，能将航天员送到较远的工作位置。通过臂上安装的电视摄像机，舱内航天员能够对航天飞机的外部和有效载荷外表进行查看。这种机械臂一般由两名航天员操作，即一名航天员坐在航天飞机甲板后部的控制室操纵机械臂，另一名航天员协助控制电视摄像机。如果机械臂协助舱外航天员太空行走，则在机械臂末端安装有脚

身穿舱外航天服站在脚限制器上的航天员

航天员通过脚限制器站在国际空间站机动服务系统的顶端

固定器。机械臂将航天员送到指定的工作位置，因为航天员的双脚是固定的，因此可以用双手进行操作，不过腰上仍系有安全带。2002 年哥伦比亚号航天飞机发生爆炸事故后，美国在遥控机械臂上又安装了一个吊杆传感器，用于对航天飞机的腹部进行检查，主要是查看防热瓦的损坏情况。

俄罗斯的机械臂 这是一种简易的起重装置。在和平号空间站上安装了两台这样的起重装置，装在空间站核心舱的两侧，每台长 14 米，重 45 千克，能吊起 700 千克的有效载荷。航天员在核心舱内对起重装置进行操纵和控制。

加拿大遥控机械臂 在国际空间站上使用，主要用于在空间站周围移动大型结构，支持航天员太空行走，为站上的仪器设备提供服务。这种遥控机械臂伸展开时长 17.6 米，直径 35 厘米，有 7 个关节，质量 1800 千克，最大可移动 116 吨的大型有效载荷。它能沿着国际空间站的桁架移动，可到达国际空间站的任何部位。机械臂可旋转 450°，远超过人的手臂的旋转能力。机械臂固定的可移动基座，体积 5.7 米 ×4.5 米 ×2.9 米，质量 1450 千克，是一座沿国际空间站长轴轨道移动的工作平台，能移动和处理 20.9 吨的有效载荷。2006 年 6 月又由航天飞机运送去一个专用的灵巧机械手，包括两只小臂、照明灯、电视摄像机、工具盒和 4 个工具夹，为这台遥控机械臂的使用创造了更好的条件。

欧洲空间局的遥控机械臂 它安装在国际空间站俄罗斯舱上，能围绕国际空间站自动移

航天飞机的遥控机械臂系统

动。可以由人控制，也可以自控或半自控，主要用来安装更换太阳能电池板，对国际空间站进行检测，处理有效载荷和支持航天员太空行走。这台机械臂长 11.3 米，质量 630 千克，能处理的最大有效载荷 8 吨，是国际空间站机械臂的补充设备。

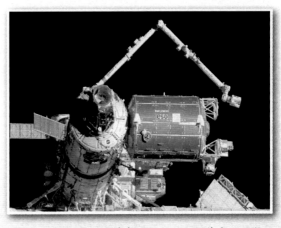

机械臂在协助运送和组装空间站舱段

日本的遥控机械臂 它安装在国际空间站日本希望号实验舱的加压舱上，主要用于完成对日本希望号舱的维修和保养，完成舱内的一些任务。这台机械臂由两臂组成：主臂长 10 米，小臂长 2 米，两臂能够移动 7 吨的有效载荷。主臂的末端连接小臂，每只臂有 6 个关节，可以像人的手臂一样活动。臂的末端有摄像机、加压舱内闭路电视。机械臂如有故障，航天员可通过太空行走进行维修，使用寿命 10 年。

航天飞机的机械臂协助航天员维修哈勃空间望远镜

11. 航天员出舱发生的故障

自有太空行走 40 多年来，在载人飞船、空间站和航天飞机上都曾发生过一些故障，使太空行走任务无法完成，但经过排除故障，都转危为安，没有发生过人员伤亡和设备严重损坏的事故。

载人飞船上发生的舱外活动故障

1965 年 3 月 18 日，苏联航天员列昂诺夫首次出舱活动就遇到危险。他从飞船出舱后不久，由于舱外航天服充气膨胀，就感到弯曲胳膊和腿都很困难。12 分钟之后，他准备结束出舱活动返回座舱，自行决定将航天服内的压力调低 20%，因为他以为自己一直在呼吸纯氧，不会得减压病。但当他把头伸进气闸舱时，按规定程序应先进脚后进头，可在慌乱中颠倒了程序，先进头后进脚，而由于气闸舱的直径是 1.0 米，列昂诺夫穿着航天服的身高是 1.9 米，因此他不能在圆筒形的气闸舱中将身体转过来关闭身后的舱门。他反复弯曲自己的身体，想转过身来，但都无济于事。他不得不冒着患减压病的风险，再调低航天服内的压力，这样才终于转过身体，将气闸舱的舱门关上，然后对气闸舱重新加压，并回到飞船座舱中。这时，列昂诺夫已弄得大汗淋漓，舱外航天服里面全是汗水，

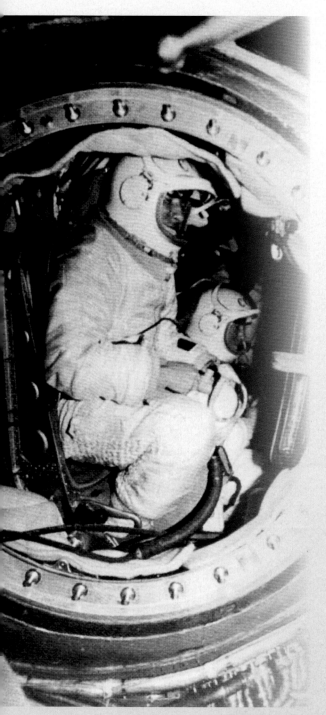

别里亚耶夫与列昂诺夫在上升号飞船内

体重也减了 5.4 千克。

1966 年 6 月 4 日，美国双子星座 9 号飞船上的航天员塞尔南在出舱活动时，由于舱外航天服加压而感到身体僵硬，四肢不能弯曲。他刚一出舱，便感到手、脚没有固定的地方，而且没有办法减少体力消耗。他在飞船后部活动时，面罩内出现雾，限制了他的视线。因此，在他戴上航天员机动装置时，却看不见周围的情况，不能行动，只好中止了这次太空行走。更严重的是，由于出舱身体用力过度，他的航天服背部外层被划破，受阳光照射，把他的背部晒伤，同时还损坏了服装上的生命保障系统。塞尔南返回座舱，是在斯坦福德的帮助下才进入座舱的。塞尔南遇到的困难是因为在太空失重条件下活动，当时还没有安装扶手，没有固定脚和身体的装置。

1966 年 7 月 19 日，双子星座 10 号飞船上的航天员科林斯和约翰·杨在出舱活动期间，感到他们的眼睛受到什么刺激，而且在舱外航天服内闻到一股怪味，这是因为航天服的两个风扇打开，氢氧化锂泄漏到头盔内的缘故。后来，把风扇关掉一个后，才排除了这个故障。

1969 年 1 月 15 日，双子星座 12 号上的航天员戈登出舱，因为没有手、脚固定装置，只好"骑"在飞船上活动。在打开舱门之前，他的头盔面罩也出了麻烦，由于服装的冷却系统和热交换器未能正常运转，他工作 6 分钟后就感到又热又累，大汗淋漓，汗流进了眼睛，不得不提前结束这次出舱活动。他在指令长康拉德的引导下，才摸索着走回舱门。

联盟号飞船和礼炮 7 号空间站对接飞行

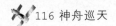

空间站上发生的舱外活动故障

1978 年 12 月 20 日，苏联礼炮 6 号空间站上的航天员格列奇科在气闸舱内监控着罗曼年科的出舱活动。他看见罗曼年科将头伸出舱门外，即将离开空间站，却忘了系安全绳索，便一把拽住了罗曼年科。而实际上，罗曼年科还是系上了安全绳索，只不过后来松开了。当他结束出舱活动关上气闸舱的舱门时，两人都大汗淋漓。他们启动控制系统关闭气闸舱的减压阀时，阀门没有关上，数据显示阀门被卡住了。如果减压阀不能关闭，气闸舱不能重新加压，两名航天员就不能进入礼炮 6 号空间站。结果是仪表上的读数错了，他们再启动一下，减压阀就关上了，故障自然被排除。

1990 年 7 月 17 日，俄罗斯航天员索洛维耶夫和巴兰金经过和平号空间站量子 2 号的气闸舱走出空间站时，在气闸舱还未完全减压时就打开了舱门，舱门打开时气体涌出来，损坏了门的铰链。他们在结束出舱活动返回气闸舱关舱门时发现舱门关不上，留有 2.5 厘米大小的缝隙，不能为气闸舱重新加压。航天员采取应急程序，通过量子 2 号的应急气闸舱，关闭了内舱门。但是在 9 天后进行第二次出舱活动中，舱门还没有修好。直到 1991 年 1 月第三批航天员到和平号空间站，携带合适的维修工具才修好了舱门，就再没有发生这种故障了。

1991 年 7 月 21 日，和平号空间站上的航天员阿尔采巴斯基在出舱活动中，由于航

奋进号航天飞机对接在国际空间站上

天服热交换器故障致使头盔面罩雾化，由航天员克里卡廖夫引导，他才返回和平号空间站气闸舱舱门。

1992年2月20日，航天员沃尔科夫在出舱活动开始时，由于航天服在和平号空间站上存放时间过长，航天服的热交换器堵塞，他只能将服装连接在空间站的冷却系统上，在气闸舱的舱门附近活动。

1993年9月28日，航天员齐布利耶夫的航天服冷却系统发生故障，只能在和平号空间站气闸舱舱门附近，为另一名出舱活动的航天员做些支持性的工作。在第二次出舱活动中，航天员谢列布罗夫穿着的舱外航天服由于已使用过13次，超过了设计寿命，这次它的氧循环系统发生故障，只好提前结束出舱活动。

1995年7月19日，航天员索洛维耶夫舱外航天服的冷却系统出现故障，面罩的雾化严重影响了航天员的视线，好在航天员离主舱门很近，如果距离很远，那就十分危险了。

航天飞机上发生的舱外活动故障

1982年11月，哥伦比亚号航天飞机上的航天员勒努瓦和艾伦在准备出舱活动中，由于舱外航天服出现故障，不得不取消了这次出舱活动。

1984年4月，挑战者号航天飞机上的航天员纳尔逊和范霍夫坦在出舱回收一颗失效卫星时，由于载人机动装置停靠失败，未能固定住卫星，造成维修任务失败。

1985年4月，发现号航天飞机上的航天员格里克斯和霍夫曼在出舱活动中，格里克斯不小心走过航天飞机机翼，险些撞上丧命。

1993年12月，奋进号航天飞机上的航天员马斯格雷夫和霍夫曼在出舱活动中，气闸舱舱门关闭出现故障，给他们返回座舱带来困难。

1996年11月，哥伦比亚号航天飞机上的航天员琼斯和杰尼根（女）在出舱活动中，由于舱门闩启动器被一颗活动的螺钉卡住，气闸舱门不能打开，给完成出舱任务造成困难。

总之，航天员出舱技术十分复杂，活动十分危险，经过不断改进，发生故障的情况越来越少，一旦发生故障，大多能及时排除。航天员出舱活动已经成为载人航天的一道亮丽风景线了。

四、太空漫步创造奇迹

20世纪60年代初期，苏联的上升2号载人飞船和美国的双子星座4号载人飞船上的航天员首创太空行走后，1966年美国在双子星座9号、10号、11号、12号4艘双人飞船上的航天员又进行了8次试验性的太空行走，1969年10月苏联联盟6号和7号两艘飞船上的航天员进行了第二次太空行走，检验了航天员在太空轨道上两艘飞船之间出舱转移飞行的能力。

1969年至1972年，美国实施阿波罗载人登月计划中进行了19次航天员出舱活动，特别是阿波罗11号，12号、14号、15号、16号、17号飞船的6次成功载人登月飞行，12名登月航天员在月球表面出舱活动，让人们看到了航天员在另一个星球上太空漫步的风采。

1973年以后，美国天空实验室和苏联的礼炮号空间站上太空行走开始从试验跨入应用阶段。1986年以后，在和平号空间站和航天飞机上的太空行走，为建造国际空间站作了充分准备，航天员出舱活动技术日趋成熟，太空行走在完成载人航天任务中发挥着越来越重要的作用。

2008年9月，中国神舟七号飞船上的航天员翟志刚实现了中国人的首次太空行走，在载人航天领域取得突破性的成就。

人到太空漫步，已经有400多次了，尽管曾遇到一些挫折和危险，也有因出现技术故障而取消的情况，但凡出舱活动的航天员都已成功返回航天器而无一失败，创造了载人航天史上的奇迹。

1. 中国航天员的首次太空行走

2008年9月27日，中国航天员翟志刚走出神舟七号轨道舱，迈出了太空行走的第一步。浩瀚无垠的苍穹，第一次留下了中国人的足印。

在神舟七号飞船升空的第二天，航天员翟志刚、刘伯明、景海鹏就开始准备出舱活动。他们把轨道舱内中国研制的"飞天"舱外航天服和俄罗斯制造的"海鹰"舱外航天服组装起来，把净化器、氧气瓶、电池、无线电遥测装置等装上舱外航天服，然后检查确认舱外航天服液路系统、连接服装的电脐带、气阀舱内的仪器设备等，加电测试结果正常。

翟志刚和刘伯明分别穿好"飞天"和"海鹰"舱外航天服，作了100分钟的移动训练和模拟操作，对舱外活动作了一遍预演，逐步适应太空微重力工作环境。景海鹏则在返回舱内不断监视着飞船的运行情况。

9月27日，翟志刚和刘伯明相互帮助穿好舱外航天服，并向地面报告："神舟七号报告,准备工作顺利完成,可以执行出舱任务。"翟志刚按下出舱操作控制台上的按钮，

航天员探身招手

飞船轨道舱向太空放气泄压，同时舱外航天服加压，航天员开始吸氧排氮，以预防减压病。

9月27日16时35分12秒，"开始出舱！"地面指挥中心发出指令。翟志刚一只手固定身体，另一只手拉动舱门手柄，飞船轨道舱射进一道阳光。随着舱内外压力趋于平衡，舱门打开。翟志刚先把手臂伸出舱外，然后上身探出飞船，并举起右手，对着推进舱上的摄像机挥一挥手。翟志刚身上有两条安全系绳与飞船相连，每移动一步都要在舱壁的扶手上固定好安全系绳的挂钩，一根固定好了，才能改变另一根的位置，稍有出错，挂钩脱落，人就会飘走。翟志刚沿着轨道舱外壁一步一步行走。

出舱

9月27日16时49分，翟志刚接过从头部探出舱外的刘伯明递来的一面国旗。这是一面研制试验人员亲自手绣的五星红旗，他挥动着这面国旗向地球问好，向祖国致敬，然后把国旗递回给舱内的刘伯明。人们从电视直播中看到这一幕壮观动人的场景。接着，翟志刚移动步子，取下放置在轨道舱外壁上进行暴露试验的固体润滑材料。16时55分，北京

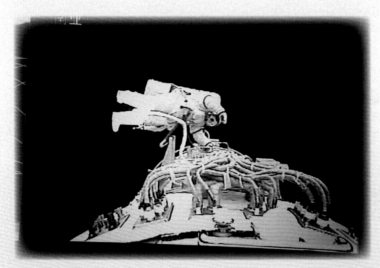

舱外作业

航天飞行控制中心下达指令："可以返回。"翟志刚结束舱外活动，他深情地凝望一下浩瀚无垠的天宇，恋恋不舍地挥了挥手，返回轨道舱。刘伯明在舱内接应，并配合翟志刚关闭舱门。然后，翟志刚和刘伯明断开舱载生保系统，脱掉舱外航天服，轨道舱恢复到常压，待轨道舱与返回舱压力一致后，两舱之间的舱门打开，他们两人和值守在返回舱的景海鹏会合，互贺胜利完成中国航天员第一次太空行走。

中国航天员首次出舱活动持续了25分23秒，中国的载人航天活动掀开了新的一页。

准备进舱

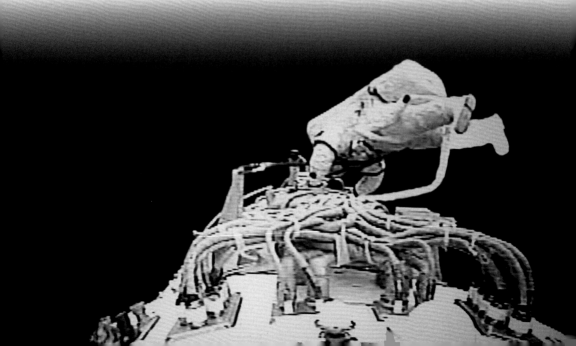

2. 世界上的第一次太空行走

　　1965年3月18日，苏联上升2号飞船载航天员别里亚耶夫和列昂诺夫升空，并进入近地点173.5千米、远地点497.7千米、倾角64.79°的轨道上飞行。其中，列昂诺夫在指令长别里亚耶夫的协助下进行舱外活动，成为世界上第一位在茫茫太空行走的人。

　　当上升2号飞船绕地球轨道飞行第一圈时，列昂诺夫穿上舱外航天服，背上生命保障系统，依靠呼吸1小时的纯氧，排掉体内血液中的氮气，然后打开在自己座位一侧的过渡舱。指令长别里亚耶夫对他说："祝你好运！"列昂诺夫飞到第二圈时打开过渡舱外面的舱盖，像个软木塞似地冲出舱口，向电视摄像机镜头挥了挥手，离开飞船，置身于茫茫太空飘飞起来。别里亚耶夫激动地说："他进入舱外宇宙空间了！"列昂诺夫脱离飞船进入敞开的太空，开始感到不适应，因为四周无依无靠，无声无息，如坠深渊，无所适从。不过由于他身上系着一根与飞船连接的5米多长的脐

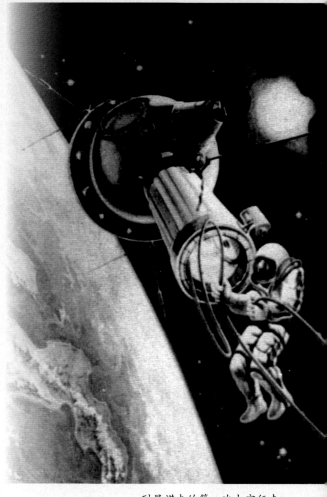

列昂诺夫的第一次太空行走

带，才有了安全感。列昂诺夫与飞船一起以每小时2万8千千米的速度绕地球飞行，在太空漫步了12分钟，翻了几个筋斗，完成了几项简单的操作任务，包括从舱外卸下一架照相机，移动取回几件舱外物品。

　　别里亚耶夫提醒列昂诺夫准备返回飞船，结束他的太空行走。列昂诺夫在返回时，把摄像机放入过渡舱前，一松手让摄像机飘了起来，他来回几次抓住摄像机，最后用脚踩住，才把摄像机放进了过渡舱。然后，他穿的舱外航天服膨胀如气球，身体卡在舱口进不了过渡舱。列昂诺夫急中生智，先给航天服泄气，降低压力到容许限度，花了14分钟，才勉强爬进过渡舱。他为摆脱困境，消耗体力过多，体重竟减少了5.4千克。

最终战胜危险，完成了有史以来的第一次太空行走。

列昂诺夫后来向人们描述这次历史性的太空行走时说："我抓住舱门的两副把手，慢慢地从飞船里滑出来，下面是万丈深渊，地球上方呈现出彩虹的颜色。我对自己能在地球上空飘荡而不会像一块石头那样掉下来感到惊奇。我像一只张开宽大翅膀的巨大海鸟在飞船旁滑翔过去，看见飞船好像没有运动，实际上它正以约3万千米/小时的速度穿过太空遨游……我观察上升2号飞船，太阳沐浴在一种闪烁的金黄色的光线中，就像来自梦境。我就这样完成了人类的第一次太空行走。"

1997年7月在北京举办的"北京国际科幻大会"上，列昂诺夫在回忆他首次进入太空行走的体验时又说："那是一次像在群星中游泳一样，险象环生，惊心动魄，令人永生难忘。"

上升2号飞船模型

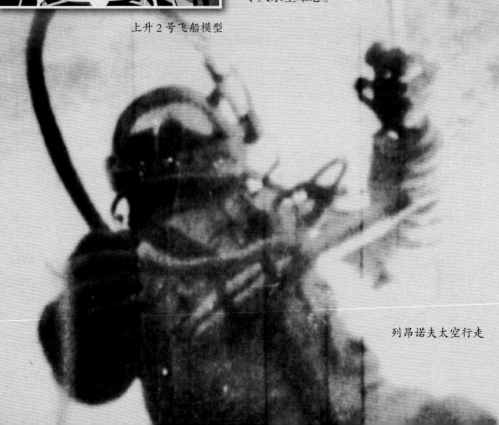

列昂诺夫太空行走

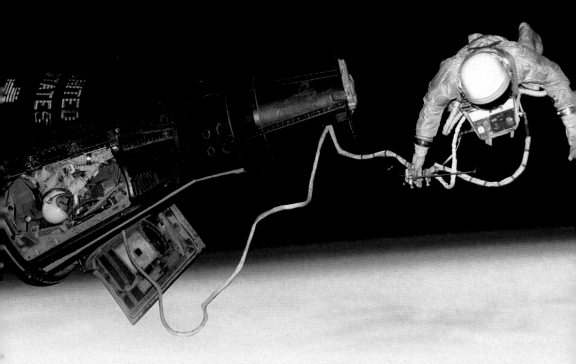

双子星座号航天员的脐带式软管

3. 美国人的首次太空行走

　　1965年6月3日美国发射双子星座4号飞船,进入近地点162千米、远地点282千米、倾角32.5°的地球轨道飞行。在指令长麦克迪维特的协助下,怀特实现美国航天员的第一次太空行走。

　　当双子星座4号飞船环绕地球飞行一圈后,麦克迪维特向地面指挥中心报告太空行走准备好了。在飞船第三圈飞临印度洋上空时,他排出过渡舱内的空气,怀特检查穿上身的舱外航天服,修理好门闩机构上的一个弹簧,然后打开舱门,头朝下脚冲上地飘出过渡舱。怀特右手腕上挂着手提式机动装置,在太空中漫步起来。麦克迪维特用一架35毫米照相机拍了一些照片,这些照片显示了怀特用右脚跳着离开飞船头部的情况。怀特尽量使自己处于麦克迪维特的观察窗口正前方,但他的肩撞在了窗口上,把玻璃弄脏了。麦克迪维特摄下了怀特漂浮在飞船外面的情景。

　　怀特很想独自在太空多待些时候,因此在麦克迪维特通知他该返回飞船时,他不无遗憾地说:"这太不幸了,太可惜了。"怀特在舱外活动了21分钟。他按麦克迪维

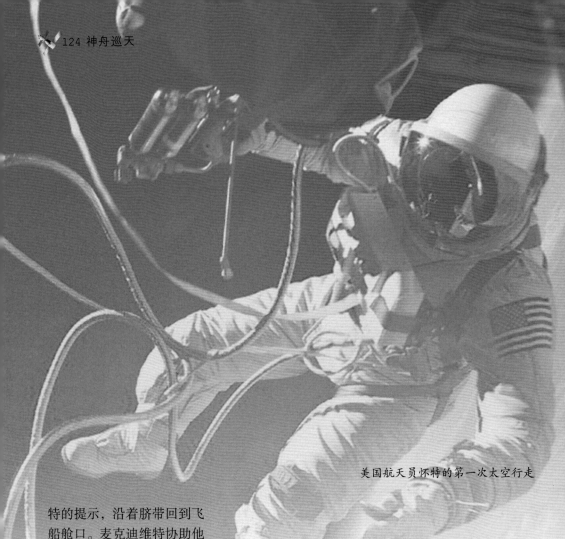

美国航天员怀特的第一次太空行走

特的提示，沿着脐带回到飞船舱口。麦克迪维特协助他打开舱门，怀特先把脚伸进舱内，进入过渡舱，然后收起7.5米长的安全系绳。麦克迪维特又帮助他锁上舱门，怀特回到座位上，已感到疲惫不堪了。他脱下舱外航天服，卸下太空行走装备，逐渐恢复到正常状态。

美国双子星座4号飞船在太空飞行4天，两位航天员平安返回地球。美国航天员怀特太空行走的壮举载入史册。

博物馆陈列的双子星座号飞船

4. 太空的第一颗"人体卫星"

1984年2月3日，美国挑战者号航天飞机载5名航天员升空，然后进行了8天的轨道飞行。其中航天员麦坎德利斯和斯图尔特先后出舱，首次使用载人机动装置实现不系安全带的太空行走，好似两颗"人体卫星"环绕地球自由翱翔。

当2月7日上午8时10分，挑战者号航天飞机飞临夏威夷上空265千米处时，航天员麦坎德利斯身着舱外航天服，背负一种叫载人机动装置的喷气推进装置，解开安全带，飘出航天飞机气闸舱，靠喷气推进装置喷出氮气产生的推力，在离开航天飞机97米的地方绕地球飞行。他在太空看到从未见到过的地球奇景，感到特别兴奋，连连发出赞叹："多么漂亮！多么精彩！"90分钟后，麦坎德利斯回到航天飞机座舱，把喷气推进装置交给航天员斯图尔特，让他也享受一下太空行走的滋味和乐趣。斯图尔特也穿上舱外航天服，换上喷气推进装置，解下安全带飘出气闸舱，飞离航天飞机92米，绕地球飞行65分钟后返回航天飞机座舱。

这两名航天员背着载人机动装置，在离开航天飞机之后，由于惯性作用，像卫星一样以2.8万千米/小时的速度环绕地球飞驰，只不过他们本人没有这种速度感觉罢了。他们在广阔无垠的太空飞行中，除了操纵喷气推进装置，试验前后左右移动、滚翻旋转动作外，还修理了一个科学实验装置、一架照相机和一处松动了的绝缘层，拍摄了航天飞机在太空飞行极为壮观的景象。

美国载人机动装置

2月11日，挑战者号航天飞机载上5名航天员返回地面。麦坎德利斯和斯图尔特出舱检验了太空代步的载人机动装置，开创了不系安全带进行太空行走的先河。

链接

第一次使用太空救援装置的出舱活动

1994年9月9日，美国发现号航天飞机载6名航天员升空飞行，在11天的太空飞行中，航天员马克·李和米德首次使用简易太空救援装置进行了一次舱外太空行走。

9月15日，航天员马克·李和米德完成出舱活动准备。9月16日，他们开始在敞开的货舱内进行太空救援装置试验，马克·李进入货舱后立即用手控启动器启动在航天服背部的太空救援装置的24台气态氮推力器，在货舱前部进行7.6米×8.2米的范围内变向飞行，试验太空救援装置在三轴方向平移与移动其身体的能力。然后，米德推动马克·李旋转，进行太空救援装置稳定出舱活动航天员姿态及使其返回安全区域能力的6项试验。马克·李和米德交换配置太空救援装置，重复进行试验。他们还测试了太空救援装置在偏航、俯仰及多轴滚动情况下稳定舱外活动航天员姿态的能力，避免发生使舱外活动航天员漂移出安全区域的事故。最后是试验太空救援装置的精确飞行能力，由两名舱外活动航天员轮流使用太空救援装置沿着机械臂的伸展方向，重复地移动至臂端，然后返回肘节部位，从那里再准确地到达位于货舱上方的一个点，在悬浮状态下将一个工作装置连接于货舱前壁板上的扶手。在试验过程中，进行移动动作的舱外活动航天员操纵太空救援装置，与机械臂保持相距0.6米。试验表明，这种简易太空救援装置的机动飞行与续航能力尽管有限，但仍足以为遇险的不系绳索舱外活动航天员提供安全救援。这次太空行走历时6小时51分钟。

这种简易太空救援装置经过试验和改进后，成为航天员在建设国际空间站中进行太空行走的一种常备装置，满足了航天员在舱外活动中的应急救生要求。

航天员乘机动装置在太空执行任务

5. 第一次太空维修故障卫星

1984 年 4 月 6 日，美国挑战者号航天飞机载 5 名航天员第五次升空飞行。在这次飞行中，航天员第一次通过太空行走完成捕获、修理和重新施放一颗发生故障的太阳峰年观测卫星的任务。

这颗太阳峰年卫星是 1980 年 2 月 14 日发射入轨的，卫星上天工作 10 个月后，由于姿态控制系统的保险丝烧断，无法保持对日定向工作。如果制造和发射一颗新卫星需耗资 2.3 亿美元，用航天飞机去维修这颗卫星只需费用不到 5000 万美元。因此决定采用太空维修的办法来拯救这颗太阳峰年卫星。4 月 8 日，当挑战者号航天飞机在距地面 480 千米的轨道上追上在太空发生故障 4 年的太阳峰年卫星时，航天员纳尔逊第一次出舱，试图用一根特制的对接杆钩住卫星伸出的一支脚管，但未获成功，然后又用戴手套的手去抓住卫星的太阳能帆板，但由于喷气背包中的氮气快消耗殆尽，只好放弃回收，中止太空行走。

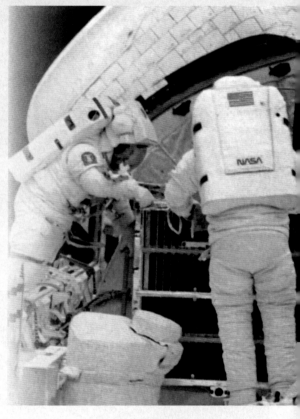

航天员在太空修理太阳峰年卫星

4 月 10 日，在进行了充分准备之后，指令长克里平和驾驶员斯科比小心翼翼地引导航天飞机靠近百米之外的太阳峰年卫星，航天员哈特操纵机械臂，把它顶端的一个帽套进了卫星的一根 6 米长的针，抓住卫星，并慢慢拽回航天飞机货舱。纳尔逊第二次走出航天飞机舱外，将太阳峰年卫星在货舱内固定起来。他和航天员范霍夫坦通过太空行走，使用特制改锥和扳手，卸下 20 颗螺钉，拆换了星上失灵的部件：一个是控制系统组件，一个是一台电子仪器，并为电子仪器加装了盖子。他们用了 3 小时 25 分钟完成修理工作。经维修后检查，表明星上各系统恢复正常。

4 月 12 日，航天员用机械臂将修复的卫星放入太空，重获新生的卫星开始观测太阳耀斑的工作。4 月 24 日，这颗经修复的太阳峰年卫星就观测到 1978 年以来最大的一次太阳耀斑，这是迄今记录到的第二次最强烈的太阳活动。

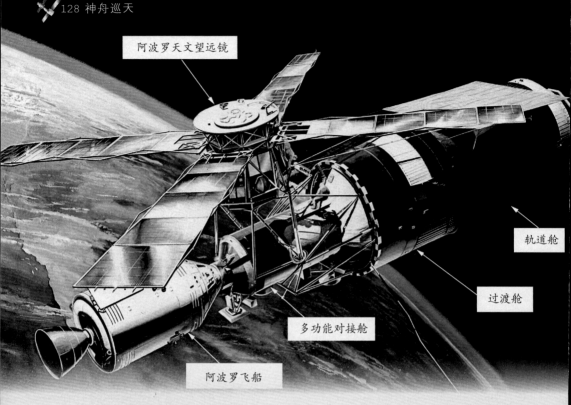

阿波罗天文望远镜

轨道舱

过渡舱

多功能对接舱

阿波罗飞船

天空实验室结构

为修复天空实验室进行太空行走

6. 在太空拯救天空实验室

1973 年 5 月 14 日，美国发射的空间站天空实验室，成功地进入435千米高的圆轨道上运行。但由于在发射过程中铝制防护层撕裂损坏，轨道舱外右翼的一块太阳能电池帆板脱落，而左翼一块太阳能电池帆板又被撕裂的铝条卡住致使供电不足，舱内温度升高到41℃，天空实验室面临夭折的危险。

5 月 25 日，第一批 3 名航天员被派往天空实验室进行太空行走，执行抢修空间站的任务。航天员康拉德、克尔温和韦茨乘阿波罗号飞船升空，三天后与天空实验室对接后，由康拉德和韦茨进行第一次太空行走。他们用带钩的杆子钩住太阳能电池帆板，试图将帆板拉开，但未获成功。为了降低舱内温度，他们撑起了一顶遮阳伞，挡住阳光，使轨道舱内温度下降到 27℃左右，暂时解决了舱内过热的问题。

约翰逊航天中心控制人员指挥航天员抢修

6 月 5 日，他们进行第二次太空行走，在钢丝一端绑上一把剪刀，又栓上一根 6 米长的绳索，将缠在太阳能电池帆板上的金属条剪开，用了 3 个小时将太阳能电池帆板重新展开，这样就能提供天空实验室所需的电力，保证航天员在舱内正常开展实验工作。第一批 3 名航天员在天空实验室上居留了 28 天。

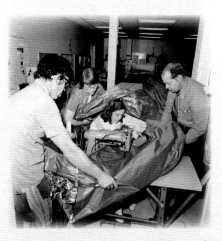

赶制遮阳伞

1973 年 7 月 28 日，阿波罗号飞船将第二批 3 名航天员送上天空实验室，航天员加里奥特和洛斯马出舱进行了一次 6 小时 31 分钟的太空行走。他们在舱外为太阳望远镜装上了新的胶卷，安装了测量微流星撞击的仪表，检查了指令舱的推力器，维修了保护轨道舱的遮阳伞，为开展各项空间实验创造了良好的条件。第二批 3 名航天员在天空实验室生活了 59 天。

1973 年 11 月 16 日，第三批 3 名航天员被送上天空实验室。航天员波格和吉布森也在舱外进行了一次 6 小时 31 分钟的太空行走。他们更换了太阳望远镜相机中的胶卷，修理了空间站外底部的一架发生故障的天线。第三批航天员在天空实验室内工作了 84 天。

美国共派出了三批 9 名航天员到天空实验室停留 171 天，6 名航天员到空间站外活动进行维修工作，不但拯救了濒临失败的天空实验室，而且在空间站内完成了 270 多项空间实验任务。1979 年 7 月 12 日，天空实验室坠入南印度洋上空的大气层烧毁，完成了它的历史使命。

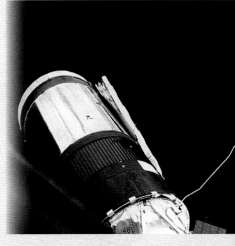

损坏的太阳能电池板

7. 航天员在太空打高尔夫球

    2006 年 9 月 18 日乘联盟 TMA-9 号飞船升空的第 14 长期考察组指令长、俄罗斯航天员秋林，于 10 月 23 日在国际空间站外挥杆击球，创下了太空打高尔夫球的新纪录。这是航天员的一次特殊的太空行走。

    这次太空行走原定 10 月 22 日 23 时开始，但因秋林穿着的舱外航天服出了一点小故障，使他出舱推迟了 77 分钟。秋林出舱后，站在国际空间站的对接舱外，手握球杆准备击球。由于身着笨重的舱外航天服，无法双手并拢握杆。出于安全考虑，航天员使用的高尔夫球重约 3 克，平时在地面上使用的高尔夫球则重约 45 克。

俄罗斯航天员秋林

太空打高尔夫球示意图

高尔夫球杆

高尔夫球预期飞行路线

高尔夫球

国际空间站上的舷梯

高尔夫球没有像在地面上一样放在球座上，而是用金属丝网压住，以避免球在失重状态下自行飘移。美国航天员洛佩斯·阿莱格里亚也走出座舱，拽住秋林的双脚固定在架子上，并负责给秋林摄像，一同执行太空行走任务。

秋林此前在地面只打过两次高尔夫球，这次是在太空首次击出一杆高尔夫球。这项太空活动并非"好玩"，而

秋林在国际空间站内认真练习

是为加拿大高尔夫球杆厂做广告，推销这个厂生产的高尔夫球杆。因为这种新球杆使用了与国际空间站外侧材料一样的合金。秋林带了 3 个球到太空。他一杆击出的高尔夫球，穿越太空，在两三天内进入地球大气层，在与大气的剧烈摩擦中烧毁。秋林一杆把球打出何止千里，刷新了高尔夫球的历史纪录。

链接

航天员在月球上打高尔夫球

美国航天员早在 20 多年前就在月球上打过一次高尔夫球。

1971 年 1 月 31 日，美国航天员谢波德和米切尔乘阿波罗14 号飞船登月舱在弗拉·摩洛高地登上月球。他们两人在月面停留 33 小时 30 分钟，进行了两次共计 8 小时 29 分钟的科学考察活动。谢波德在结束第二次月面行走之前，表演了打高尔夫球。

谢波德用一根高尔夫球杆，把带到月球上的 3 个高尔夫球击出 500 多米远。这一象征性的举动令在电视机前观看这次登月飞行的亿万观众大开眼界，使人感受到在引力很小的月球

固定此次高尔夫球的球座

上不仅能进行太空行走，而且还能从事打球这类体育活动。

8. 航天员六次登上月球活动

　　航天员太空行走，也包括到月球和火星上活动。美国的阿波罗载人登月计划，实现了6次12人登上月球，在月面留下了人类太空行走的脚印。

登月舱

　　1969年7月16日，美国发射阿波罗11号飞船，7月21日，航天员阿姆斯特朗和奥尔德林驾驶登月舱降落到月球上。他们穿着登月服，打开舱门，举目望了一下这个陌生的世界，然后走下舷梯，踏上月面。阿姆斯特朗对第一步踏上月面行走说："这对一个人来说，只不过是一小步，可对于人类来说，却是一大飞跃。"他们在月面上行走，由于月球上的引力只有地球上的六分之一，就像袋鼠一样一跳一跳地向前行走。他们在月球上停留了2小时31分钟，在月面安装了月震仪和激光反射装置，采集了22千克月球土壤标本。

　　1969年11月14日，阿波罗12号飞船飞往月球。航天员康拉德和比恩两次走出登月舱，共在月面活动7小时49分钟，在月面上安装了一个核动力科学实验站和月震仪、磁强针、月球大气探测器等试验装置，采集带回34千克月岩样品。

首位登月航天员阿姆斯特朗拍到的奥尔德林走下登月舱

　　1971年1月31日，阿波罗14号飞船启程飞往月球。航天员谢泼德和米切尔两次走出登月舱，巡视考察了一座120米高的火山口，安装了第二台激光反射器和核动力科学实验站，带上月球一辆可折叠的轮式手推车，采集月球岩石标本42.6千克，在月面活动9小时29分钟，还在月球上作了一次打高尔夫球表演。

　　1971年7月26日，阿波罗15号飞船第一次载一辆月球车进行登月飞行。航天员斯科特和欧文除了在月面步行巡游外，还 3 次驾驶月球车进行月面考察，行程 27 千米。他们在月面停留 18 小时 36 分钟，采集了月土样品 77.5 千克。特别是在飞船返航中，航天员沃登在距地面 32 万千米的地方走出座舱，到茫茫太空漫步 38 分钟，成功地从服务舱取回了胶片盒。

航天员在月面勘探

1972 年 4 月 16 日，阿波罗 16 号飞船起飞，4 月 20 日到达月球。航天员约翰·杨和杜克出舱，驾驶月球车行驶到 27 米以外的地方，采集月土样品 96.4 千克，在月面上安装了紫外相机、月球内部热流探测器，建立了第四座核动力实验站。在笛卡尔高地活动期间，杜克用装在月球车上的摄像机拍摄并发回约翰·杨跳跃行走的镜头。他们 3 次在月面活动 20 小时 11 分钟。

航天员驾驶月球车

1972 年 12 月 7 日，阿波罗 17 号飞船进行最后一次载人登月飞行。12 月 11 日，航天员塞尔南和施米特踏上月面后，安装了月面实验装置，建立了第五座核动力实验站，驾驶月球车作了 4 次月面考察，采集了 125 千克月岩样品，在月面活动距离 36 千米，活动时间 22 小时 5 分钟。他们在离开月球时，在被遗弃的登月舱下降段上刻下了一段纪念文字："1972 年 12 月，在这里人类结束了第一次登月系列探险活动。"

航天员在安装月震仪

9. 第一位太空行走的女航天员

1984 年 7 月 25 日，在礼炮 7 号空间站上的苏联女航天员萨维茨卡娅，到站外完成各种操作试验任务，成为世界上第一位在太空行走的女航天员。

萨维茨卡娅是 1984 年 7 月 5 日和航天员扎尼别科夫、沃尔克一起，乘联盟 T-12 号飞船飞往礼炮 7 号空间站对接的，空间站上已有基齐姆、索洛维耶夫和阿季科夫 3 名航天员。7 月 7 日，他们 6 人在站上会合后，按计划有条不紊地开展各项实验工作。萨维茨卡娅和扎尼别科夫进行太空行走的准备，主要任务是试验在太空中进行修理装配的实际操作，特别是试验新研制成功的手控万能工具。这种工具总重 30 千克，体积 400 毫米 ×450 毫米 ×500 毫米，工具头重 2.5 千克，工作电压 750 伏。

7 月 25 日，萨维茨卡娅和扎尼别科夫携带手控万能工具先后走出空间站，走到外壁的一个折叠平台，双脚固定在一块特制的踏板上开始工作。萨维茨卡娅的左手放在控制盘上进行操作，上面有个防护盖，可保护左手不受电子辐射的作用，右手握住万

世界上第一个太空行走的女航天员——苏联航天员萨维茨卡娅

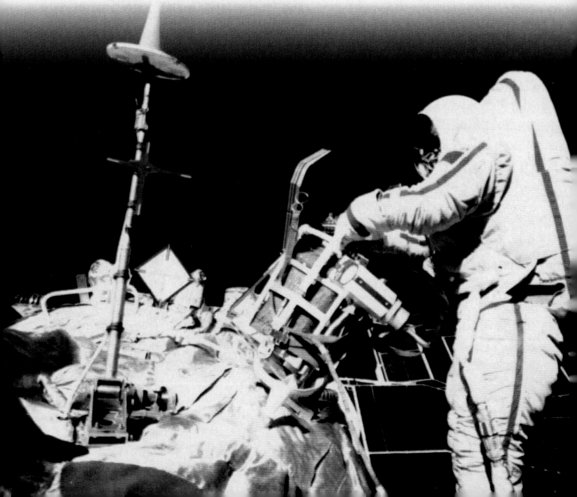

能作业工具头，对着一块金属加工模板，先切割，然后进行电焊、钎焊，最后进行金属喷涂。这套作业是将来进行太空装配时必需的工序。她的所有动作都经过事先的仔细设计和训练，所以操作十分娴熟和准确无误。萨维茨卡娅向地面控制中心不断报告说："我已开始工作了，接通了电源，机具开动了。""切割缝不十分平整，可是非常好看。""我用模板盖上，开始第二次作业，掀动按钮，拿起焊具，开始进行金属焊接了。""焊缝笔直、美观，看上去很好。""我要试验第三种作业了，在焊成的第一个样品上有红色斑点，我开始打平。""在第一块模板上进行了金属喷涂，看起来非常好。"

萨维茨卡娅使用手控万能工具完成了太空中金属的电焊、切

萨维茨卡娅

美国女航天员凯瑟琳·沙丽文

割、钎焊、喷涂的操作业务，整个太空行走共3小时35分钟。扎尼别科夫拍摄了她的太空的操作情况，并向地面转播了萨维茨卡娅的太空操作活动。

链接
美国女航天员的首次太空行走

1984年10月5日，美国发射挑战者号航天飞机，在7名航天员中首次有两名女航天员参加太空飞行：一位是美国第一个女航天员赖德，另一位是美国初上太空的女航天员沙丽文。

10月11日，沙丽文和航天员利斯特马结伴走出航天飞机密封舱，在浩瀚太空中安装载荷舱后部两个燃料箱之间的一根软管，试验燃料加注，为此在太空行走了3小时15分钟。沙丽文成为美国第一个在太空行走的女航天员。

美国第一位女航天员萨丽·赖德

焦立中与俄罗斯"奥兰"航天服合影

10. 华裔航天员首次太空行走

美籍华裔航天员焦立中参加过 4 次航天飞行，有 3 次进行了出舱活动。他是第一个实现太空行走的华裔航天员。

1996 年 1 月 11 日，焦立中乘奋进号航天飞机第二次参加航天飞行，在太空完成两次太空行走。1 月 15 日，焦立中和美国航天员巴利一起，飘出航天飞机座舱，站到 15 米长的机械臂顶端的脚蹬上，展开一个长 5.3 米、重 113 千克的铝制支架，横跨在航天飞机敞开的货舱上，然后将一根 6 米长的电缆搭到支架上。这次太空行走用了 6 小时 9 分钟。1 月 17 日，他和美国航天员斯科特结伴到舱外，试验一个用于存放空间电子设备的工具箱，这次太空行走花了 6 小时 30 分钟。这两次舱外作业，是为建造国际空间站积累经验和确定技术方案。

2000 年 10 月 11 日，焦立中乘发现号航天飞机进入太空，第三次参加航天飞行。在这次飞行中，焦立中进行了两次太空行走，他和日本航天员若田光一、美国女航天员梅尔罗一起，先后在国际空间站外安装 Z–1 桁架，布设电缆，放置直流变压器，并模拟抢救在太空作业中受伤的航天员。

身着俄罗斯航天服的焦立中飘浮在团结号节点舱口

2004 年 10 月 14 日，焦立中乘联盟 TMA-5 号飞船，飞赴国际空间站，第四次参加航天飞行。在这次飞行中，焦立中完成两次太空行走。2005年 1 月 26 日，他穿着俄罗斯的奥兰 M 舱外航天服，打开对接舱门，和俄罗斯航天员沙里波夫先后飘到敞开的太空，在星辰号服务舱外安装了一个德国制造的"洛克维斯"机械臂，检查了空间站氧气发生器的排气通风口、空气净化器和粒子污染过滤器。然后回到码头号对接舱外，安装了3 个盛放各种菌类试验用的盒子和一个俄罗斯的生物风险装置。这次太空行走用了近 5 小时 30 分钟。3 月 28 日，他又和沙里波夫一道走出码头号对接舱，到空间站外安装了3 根无线电天线和一个卫星定位无线装置，还向太空施放一颗俄制 5 千克的微型试验卫星。他们还对前一个长期考察组安装的欧洲飞船对接瞄准标靶进行了检查。这次太空行走实际用了 4 小时 30 分钟，比预定计划提前 1 小时完成任务。

焦立中共完成 6 次太空行走任务。

身穿出舱航天服的焦立中准备出舱进行太空行走

焦立中在国际空间站外进行太空行走

11. 和平号空间站外的几次太空行走

苏联 / 俄罗斯和平号空间站的建造和运行，为航天员太空行走提供了广阔的舞台。

1987 年 2 月 6 日，苏联航天员罗曼年科、拉维金乘联盟 TM-2 号飞船飞赴和平号空间站，罗曼年科在太空居留了 326 天，拉维金因患病提前返回地面，只在太空居留了 174 天。他们在和平号空间站居留期间，进行了 3 次太空行走。4 月 11 日第一次出舱，为排除量子 1 号天体物理实验舱与和平号基础舱未能完全对接的故障，并最终使两个航天器完全对接成功。这次太空行走共 3 小时 40 分钟。6 月 12 日第二次出舱，他们取出太阳能电池的部件，把可伸缩的框架安装在一个特设的装置上，然后将两组光电变换器固定在上面。这次舱外活动有 1 小时 53 分钟。6 月 16 日第三次出舱，用 3 小时 15 分钟，完成安装太阳能电池板的工作。

1989 年 9 月 6 日，苏联航天员维克多连科和谢列布罗夫乘联盟 TM-8 号飞船，到和平号空间站上生活了 168 天。在此期间共进行了 5 次太空行走：1990 年 1 月 8 日第一次出舱行走 35 米，用 2 小时 56 分钟安装两个 80 千克的恒星传感器，拆下一套长期暴露在宇宙空间的材料样品；1 月 11 日第二次出舱，用 2 小时 54 分钟在站外安装非金属材料样品匣子，安装考察地球电离层和磁圈的设备，拆除不再使用的固定平台，挪动量子 2 号实验舱的对接器，为新实验舱对接让出位置；1 月 26 日第三次出舱，用 3 小时 2 分钟，在量子 2 号实验舱外壁安装独立的对接装置，试验新型舱外航天服；2 月 1 日第四次出舱，用 4 小时 59 分钟试验重 220 千克的载人机动装置的性能，离舱最

皮尔斯·塞勒斯在第二次太空行走中修复移动运输机

和平号空间站全景

远达 33 米；2 月 5 日第五次出舱，用 3 小时 45 分钟，演练载人机动装置各种状态的控制，考察空间站周围的辐射情况，太空行走距离达 200 米。

　　1990 年 12 月 2 日，由苏联航天员阿法纳西耶夫、马纳罗夫和日本航天员丰广秋山组成的第 8 成员组，乘联盟 TM-11 号飞船升空，两名苏联航天员到和平号空间站居留到 1991 年 5 月 26 日才返回地面，在空间站上生活了 175 天。在此期间进行了三次太空行走：1991 年 1 月 7 日他们第一次出舱，修好了量子 2 号实验舱损坏的舱门，用了近 4 小时；1 月 23 日，他们第二次出舱，用 5 个多小时安装和调试能在太空搬运大构件的运输装置，完成了把太阳能电池板从晶体号舱外壁移到量子 1 号舱外壁的准备工作；1 月 26 日，他们第三次出舱，把第二块太阳能电池板搬出空间站，安装到量子 1 号天体物理实验舱上，这次太空行走用了 6 小时 20 分钟。

俄罗斯联盟 TMA 型载人飞船

皮尔斯·塞勒斯第三次太空行走——在国际空间站上的桁架上行走

链接

美俄航天员的一次联合太空行走

1997 年 4 月 29 日，美国航天员利嫩格和俄罗斯航天员齐布利耶夫在和平号空间站外完成一次联合太空行走。他们身穿俄罗斯的新式舱外航天服，到站外利用机械臂等工具清除附着在和平号空间站外的尘埃，试验未来国际空间站建设所需的一些材料，将一个探测太空辐射强度的辐射仪安装在和平号空间站的实验舱外。他们的动作娴熟，配合默契，原定 5 个半小时的太空行走只用了 4 小时 58 分钟就顺利完成。

第一个在和平号站外太空行走的美国航天员

1996 年 3 月 22 日，美国亚特兰蒂斯号航天飞机载 6 名航天员升空，23 日在距地面395 千米的轨道上与俄罗斯和平号空间站实现两国航天器的第三次对接飞行。这次有两名女航天员同行，其中戈德温进行了一次太空行走。这是美国航天员首次在俄罗斯的和平号空间站外完成的太空行走。

3 月 27 日，美国女航天员戈德温和同事克利福德一起，到和平号空间站周围漫步 6 小时。

迈克尔·福萨姆在第一次太空行走中工作

他们用安全带把自己系在一根引导缆绳上，沿着缆绳滑向和平号空间站的对接舱。在对接舱的另一端，两名航天员避开空间站的太阳能电池板，把 4 台科学仪器安装到和平号空间站上。这些仪器用于检测和平号空间站外的空间环境，被放置在一个发光的壳体内，壳体在地球上重 27 千克，直到 8 月才由其他航天飞机派人去把它收回，所获取的资料用于科学家选择强度最大的金属材料来建造未来的国际空间站。他们还通过这次太空行走安装了太空垃圾的收集装置，冒险试验了新的安全带和踏脚平台。

12. 发现号复飞的三次太空行走

2006年7月4日，第二次复飞的发现号航天飞机载7名航天员升空，7月6日与国际空间站成功对接，并与站上的第13长期考察组会合飞行。在8天的太空飞行中，机上航天员塞勒斯和福萨姆为检测发现号航天飞机的防热层安全和维修国际空间站运输缆车，进行了3次太空行走。

7月8日第一次太空行走，塞勒斯和福萨姆以航天飞机长15米的机械臂和15米的延长吊杆为平台，站上延长吊杆顶端尝试做俯、后仰、旋转、手臂模拟游泳等动作，先为国际空间站外的移动运输机系统更换一把电缆剪。他们把电缆剪固定住，将一条电缆穿进电缆剪。这个移动运输机系统专门用于建设尚未完工的国际空间站。这两名航天员在太空行走时心情放松，有说有笑，甚至连做几个空翻，完成了维修测试作业，时间持续了7个多小时。

7月10日第二次太空行走，塞勒斯和福萨姆修理国际空间站外的移动运输机系统，更换一条电缆的线轴组件。但在更换组件时遇到一些麻烦。因为组件的大小有些不合适，他们被迫用扳手做一些调整。航天员修理的运输机系统实际是个简易机动轨道车，在后续的空间站外部组件安装中，它将作为重要的运输工具。他们还为空间站上探索号气闸舱外的热控制系统安装了一个泵舱备件。除了维修时的困难，塞勒斯舱外航天服上的喷气背包还出现了故障，喷气背包与舱外航天服的连接两次变松，福萨姆帮他修理。这个喷气背包对航天员的安全十分重要，一旦航天员同航天飞机连接的安全带出现问题，航天员就可利用这个喷气背包返回航天飞机。因为在与国际空间站对接后，航天飞机就无法飞离空间站前往营救安全带脱落的航天员。这次太空行走持续了6小时47分钟。

皮尔斯·塞勒斯在第三次太空行走中进行修复防热瓦试验

7月12日第三次太空行走，塞勒斯和福萨姆在预先损伤的碳碳复合材料样品上试验新的修复技术，也就是试验一种对航天飞机隔热层进行紧急修补的方法。碳增强材料用在机翼前沿，起绝缘作用。他们冒着风险，试验一种修补航天飞机隔热层潜在裂缝的密封剂，看它在零重力条件下能否奏效，试验结果对修补导致航天飞机出现裂缝的强化碳材料的方法进行了改进。这项试验是为了防止哥伦比亚号航天飞机的惨剧重演。这次太空行走持续了6个半小时。

2006年7月17日，发现号航天飞机返回地面，完成了复飞后的太空行走任务。

13. 美国航天员第 239 次太空行走

2010 年，美国奋进号、发现号、亚特兰蒂斯号航天飞机各有一次太空飞行，而且航天员各完成 3 次太空行走，执行建设国际空间站的任务。

2010 年 2 月 8 日，奋进号航天飞机载 6 名航天员升空，执行 STS-130 飞行任务。在这次飞行中，美国航天员帕特里克和本肯进行 3 次太空行走，完成为国际空间站安装宁静号节点舱和瞭望塔号观测舱，连接从命运号节点舱到宁静号节点舱的尿液处理系统，维修团结号节点舱和宁静号节点舱之间的冷却系统，在宁静号节点舱上安装加热器和数据电缆等工作。他们 3 次出舱活动持续时间共 18 小时 14 分钟。

2010 年 4 月 5 日，发现号航天飞机载包括 3 名女航天员的 7 名航天员升空，执行 STS-131 飞行任务。在这次飞行中，美国航天员马斯特拉奥和安德森进行 3 次太空行走，为国际空间站安装新的液氨冷却装置和速率陀螺仪，接通液氨冷却装置的流体阀，安放一个与航天员靴子匹配的脚固定器，接通 Ku 频段通信天线的电缆，取回日本希望号实验舱外部的种子实验装置。他们 3 次出舱活动持续时间共 19 小时 20 分钟。

2010 年 5 月 14 日，亚特兰蒂斯号航天飞机载 7 名航天员升空，执行 STS-132 飞

发现号航天飞机

航天员迈克尔·福萨姆在第二次太空行走中修复移动运输机

行任务。在这次飞行中，美国航天员瑞斯曼、古德和波文交替换成两人一组进行 3 次太空行走，开展组装和维护国际空间站的工作。

　　5 月 17 日，航天员瑞斯曼和波文进行首次太空行走。他们首先在空间站的桁架上安装一副备用空对地天线，以提高空间站进行双向数据、语音和视频通信的能力。然后在德克斯特号机械臂上安装一个新的工具平台。此外，波文还拧松用于固定 6 块太阳能电池板的螺栓，为随后两次安装电池板做好准备工作。这次太空行走持续时间为 7 小时 25 分钟。

　　5 月 19 日，古德和波文进行第二次太空行走。他们先移开位于国际空间站桁架的传感器系统面板，排除倾斜机构中的电缆故障；然后更换桁架上的 4 块太阳能电池板并拧紧螺栓，安装 Z1 桁架上的 Ku 频段备份天线，移开锁存器使蝶状天线能旋转，处于准备运行的状态。这次太空行走持续时间为 7 小时 9 分钟。

　　5 月 21 日，瑞斯曼和古德进行第三次太空行走。他们安装好 6 块太阳能电池板中的最后 2 块，在空间站的 4 号对接口和 5 号桁架之间安装一条用于输送氨的备用管路，并把一个用于国际空间站与机械臂连接的装置从航天飞机转移到国际空间站，还重新配置了一些工具。这次太空行走持续时间为 6 小时 46 分钟。这是美国航天员完成的第 239 次太空行走，也是建设国际空间站的第 146 次太空行走。

五、飞渡苍穹刷新纪录

航天员从最初出舱活动一次只有短短 12 分钟，到一人一次长达 9 小时的舱外活动，从最初系上安全带到舱外扶着舱壁小心翼翼地移动行走，到自带喷气推进装置飞离航天器上百米活动，已有 400 人次的航天员进行了太空行走，而且女航天员也在太空行走中展示出绰约风采。

俄罗斯的联盟号飞船和美国的航天飞机在与空间站的对接飞行中，航天员太空行走不仅次数越来越多，而且时间也相对延长，太空行走已成为载人航天飞行中一道亮丽的风景线。特别是在和平号空间站和国际空间站的长期飞行中，几乎每次都能见到航天员在站外穿越太空的身影。从 1986 年到 2001 年和平号空间站在太空运行的 15 年里，有 12 个国家的 135 名航天员到站上访问考察，有 30 艘联盟号飞船和 9 架次航天飞机与它对接飞行，航天员 78 次到站外活动。太空行走累计时间达 361 小时 47 分钟。从 2000 年 10 月国际空间站上迎来第一个长期考察组，到 2010 年 12 月的 10 年时间里，已有 26 个长期考察组到国际空间站上长住飞行，俄罗斯的联盟 TM 型和 TMA 型载人飞船 25 次把 74 人次航天员送上国际空间站，美国航天飞机 33 次把 216 人次航天员送到国际空间站，其中航天员在国际空间站外太空行走已有 133 次，累计舱外活动时间已达到 820 多小时。

航天员为了建设太空家园，开辟人类太空活动的新天地，不畏艰险，飞渡苍穹，不断刷新太空行走纪录。

1. 太空行走次数最多的航天员

俄罗斯航天员索洛维耶夫参加过 5 次航天飞行，完成 17 次太空行走，累计时间 80 小时 21 分钟，创造了一人太空行走累计次数最多、累计时间最长的纪录。

1988 年 6 月 7 日，索洛维耶夫担任指令长，乘联盟 TM-5 号飞船升空，到和平号空间站作了一次 10 天的短期访问飞行，没有进行太空行走。1990 年 2 月 11 日，索洛维

航天飞机与和平号空间站对接

耶夫担任指令长，和航天员巴兰金组成第 6 宇航乘员组，乘联盟 TM-9 号飞船飞赴和平号空间站居留 179 天。5 月，发现联盟 TM-9 号飞船的一些防热层出现剥落现象，由于防热层剥落上翘可能会在飞船返回时遮住用于再入大气层的探测仪的视场，不得不预先进行太空修补，为此他们进行了 3 次太空行走。第一次是 7 月 14 日，索洛维耶夫出舱查看飞船防热层损坏情况。第二次是 7 月 17 日，两人从和平号空间站量子 2 号上的气闸舱走出来，先展平梯子，然后走近联盟 TM-9 号飞船外部，将上翘的两块防热层卡紧固定，对损伤严重的另一块防热层作了处理。在工作完毕返回空间站时，遇到量子 2 号舱上的气闸门被卡住打不开，这时他们已经在太空停留了 6 小时，供氧快要不足，于是他们只得打开备用舱口盖，才进入了气闸舱内。这次太空行走用了 7 小时。然而一波未平一波又起，因为没有合适的工具，备用舱门无法关闭，最后用力勉强关上了舱门。7 月 26 日，他们为了关上发生故障的舱门，又进行了第三次太空行走，用了 3 小时对舱门进行修理，但仍未完全修好。而他们两人在太空飞行的时日快到，只好让将于 8 月 1 日第 7 宇航乘员组携带工具到和平号空间站上来进行彻底修理了。

1992 年 7 月 27 日，索洛维耶夫和阿乌杰耶夫组成第 12 宇航乘员组，乘联盟 TM-15 号飞船到和平号空间站。在这次 189 天的长期太空飞行中，索洛维耶夫进行了 4 次太空行走，安装晶体号实验舱的辅助天线，从空间站外取回长期暴露的实验材料，共计 18 小时 21 分钟。

1995 年 6 月 27 日，索洛维耶夫乘美国亚特兰蒂斯号航天飞机升空，参加美国航天飞机与俄罗斯和平号空间站的首次对接飞行。10 天后航天飞机返航后，索洛维耶夫和另一名航天员布达林继续留在和平号空间站工作，直到 9 月 11 日才返回地面，在太空停留 76 天。他在这次飞行中进行了 3 次太空行走，维修安装空间站的太阳能电池板。

1997 年 8 月 5 日，索洛维耶夫和维诺格拉多夫组成第 24 宇航乘员组，乘联盟 TM-26 号飞船升空，并进入和平号空间站。这次飞行任务主要是检查维修 6 月 25 日进步 M-34 号货运飞船与和平号空间站发生碰撞的损伤部位。索洛维耶夫进行了 7 次太空行走：第一次是 8 月 22 日，索洛维耶夫出舱检查空间站受损情况，试验太空行走用具；第二次是 9 月 6 日，他在真空条件安装带有电力干线拆接装置的专用舱口，接上光谱号实验舱的太阳能电池光缆，恢复了和平号站上的能量供应；第三次是 10 月 20 日，他把光谱号舱的两块太阳能电池板的电缆连通，但遗憾的是未能打开通向光谱号舱的舱门；第四次是 11 月 3 日，他卸下量子 2 号实验舱外的两块太阳能电池板，并在主舱外安装了真空活门罩；第五次是 11 月 11 日，他在空间站外安装了新的太阳能电池板，更换了站上温度调控系统中的几个部件；第六次是 1998 年 1 月 11 日，他打开密封失效的量子 2 号出口舱盖，检查密封失效的原因，并拆除晶体号实验舱外部已经报废的光学监测仪，把它带回空间站；第七次是 1 月 14 日，索洛维耶夫和维诺格拉多夫一起仔细检查了他们生活的空间站外部的情况。1 月 16 日，在空间站上索洛维耶夫用完成 7 次太空行走任务庆祝自己 50 岁的生辰。1998 年 2 月 19 日，索洛维耶夫乘联盟 TM-26 号飞船返回地面，这次飞行历时 197 天。

2. 距离最远和时间最长的太空行走

身着橘色航天服的卢杰

美籍华裔航天员卢杰进行了一次距离超过30米的太空行走，美国航天员海尔姆斯（女）和沃斯进行了一次长达近9小时的太空行走。

卢杰参加过3次航天飞行。2000年9月8日，卢杰乘亚特兰蒂斯号航天飞机第二次升空，到国际空间站完成一次6小时14分钟的太空行走。9月11日，他和俄罗斯航天员马连琴科一起，带上电缆和维修工具走出座舱，像登山一样爬上42米高的空间站，绕过突出的站外天线，在航天飞机上方约34米高处进行高空作业。他用绳子把身体固定在空间站上，与马连琴科配合，在太空中安装了电缆和吊杆，连接了供电和通信电缆，目的是向星辰号服务舱

身穿舱外航天服的卢杰准备进行水下训练

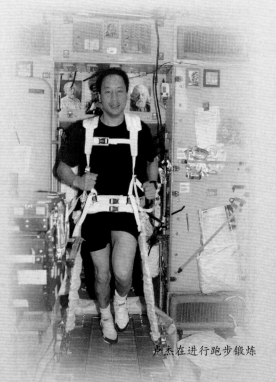

卢杰在进行跑步锻炼

卢杰在进餐

输送电力，为随后到国际空间站的首批长住航天员提供照明条件。卢杰还单独安装了一个导航装置，拆除了一个有故障的设备。尽管在太空从事安装作业十分艰难危险，但卢杰还是有心情欣赏太空风景。他说："从空间站外往航天飞机正面看去，风光美极了。"这次太空行走的距离达到30.58米，创造了太空行走距离最长的纪录。

2001年3月8日，美国航天员海尔姆斯（女）和沃斯乘发现号航天飞机升空，并进入国际空间站长期飞行。这次发现号为国际空间站运送去了意大利的莱奥纳尔多号后勤舱和美国命运号实验舱的6箱货物。3月11日，他们开始第一次太空行走，主要任务是调整国际空间站团结号节点舱上一个对接装置的位置。他们卸下庞大的圆锥形对接装置后，把腾出的位置留给莱奥纳尔多号多功能后勤舱，并负责安装好这个长6.4米、直径4.6米的圆筒舱，然后又在命运号实验舱外安装一些设备，为下一次运抵国际空间站的一个加拿大巨型机械臂的安装做好准备。这次太空行走用了8小时56分钟，打破了1992年5月航天员为修复一颗卫星创造的8小时29分钟的太空行走纪录。

海尔姆斯和沃斯准备出舱行走

3. 美国航天员罗斯的七次太空行走

美国航天员罗斯是世界上第一个七次飞往太空的人，他曾说过："太空行走越多，风险就越大。这是航天员在太空一切活动中最为凶险的，因为太空中的辐射、垃圾撞击或呼吸系统泄漏都可能致人死命。"但他却在其中的四次太空飞行中安全地进行了9次太空行走。

2002年4月亚特兰蒂斯号航天飞机的7名航天员，后排左起第三位为杰里·罗斯

1985年11月26日，罗斯乘亚特兰蒂斯号航天飞机首次参加航天飞行。在这次飞行中，他通过两次太空行走，在航天飞机敞开的货舱中试搭两种铝制结构的太空建筑物。他出舱采用固定和飘移两种方式，一次是搭建由一百多根横梁和撑杆组成的桁架，桁架长1.4米；另一次是搭建一个每边长3.6米的倒金字塔形四面体结构。罗斯反复装拆这两个建筑结构，对人在太空搭建大型建筑物时的情况进行比较，取得经验。

1991年4月5日，罗斯再乘亚特兰蒂斯号航天飞机升空，主要任务是施放一个重17吨的伽马射线探测器。罗斯和另一名航天员阿普顿结伴进行了两次太空行走。4月7日，由于伽马射线探测器在施放前主天线未能自动打开，在其他补救措施不能奏效的情况下，罗斯和阿普顿被迫出舱排除故障，用了近4小时的紧急太空行走，修好了天线。4月8日，罗斯出舱站到机械臂的末端，飘浮6小时，沿着航天飞机货舱右侧架设的一个14米长的单车轨道，他和阿普顿轮流坐上手推车、马达车和电动车上，以每小时624千米的速度滑行，测试运载工具在失重情况下的功能。

1998年12月4日，罗斯乘奋进号航天飞机升空，为国际空间站送去第二个组件——团结号节点舱。在机上的6名航天员中，罗斯和纽曼进行了三次太空行走，为团结号节点舱与早已在轨道上的俄罗斯曙光号功能舱对接飞行创造条件。12月7日，罗斯和纽曼出舱，把两个新对接成功的空间站组件间的那些负责输送电力、数据和计算机指令的电缆连接起来。罗斯坐在机械臂上，登上耸立在奋进号航天飞机货舱上方有7层楼高的空间站上面，用了 4 个小时把两舱的 40 根电缆接通。国际空间站的电缆大多铺设在舱件外面，以防止出现类似和平号空间站的通道里出现过的电缆缠绕事故，同时还避免电缆缠绕妨碍在出现紧急情况时关闭舱门。这次太空行走用了 6 个半小时。12 月 10 日，罗斯和纽曼再次到舱外，安装一根用于同休斯敦的约翰逊航天中心进行无线电联系的天线，并为曙光号功能舱安装安全护栏。12 月 12 日，罗斯和纽曼第三次出舱，安装一个供参加建设空间站的航天员使用的大型工具箱，把它固定在站外，箱中放有 50 件工具。罗斯还用一根 3 米的长杆撬开曙光号功能舱上一根 1.2 米长的天线，检测了自己携带的微型喷气背包的性能。这是航天员第一次在国际空间站外进行的舱外作业，所有工作取得圆满成功。

罗斯在安装照明灯

　　2002 年 4 月 8 日，罗斯乘亚特兰蒂斯号航天飞机第 7 次参加航天飞行，主要任务是航天员通过 4 次太空行走在国际空间站上修建一条"太空铁路"。罗斯和另一位航天员莫林为一组参加两次太空行走：第一次在 4 月 13 日，他们两人出舱，为国际空间站的新舱体安装动力和数据线路；第二次是 4 月 16 日，他们两人再度出舱，在空间站外架起的桁架和空间站过渡舱之间安装一个长 4.3 米的轨道"梯子"。这个"梯子"将为未来航天员从空间站到桁架上去施工提供一条捷径。此外，罗斯和莫林还为未来国际空间站的施工进行了一些准备工作，包括在空间站舱体外安装用于照明的泛光灯、测试桁架上的电开关等。

　　罗斯 9 次太空行走累计时间为 58 小时 18 分钟，创造了美国航天员太空行走次数最多的新纪录。

罗斯在舱外作业

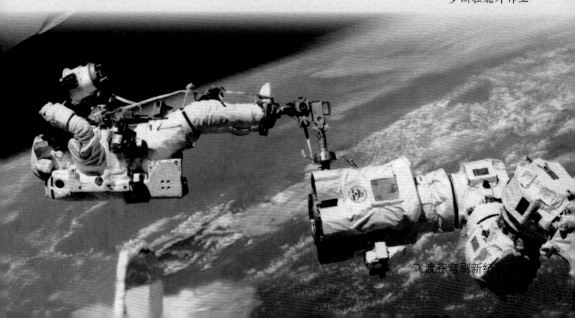

飞渡苍穹刷新纪

链接
张福林七上太空的最后一次太空行走

华裔航天员张福林

美籍华裔航天员张福林七上太空，是世界上第二个参加航天飞行次数最多的航天员。但他在最后一次太空飞行时，才有机会进行太空行走，弥补了他前6次未出舱活动的遗憾。

2002年6月5日，张福林乘奋进号航天飞机第七次参加航天飞行。他和美国航天员裴林一起，3次出舱承担为国际空间站维修施工的任务。6月9日和11日，张福林和裴林在先进行的两次太空行走中，在空间站外挂上了对付太空垃圾的金属防护罩，将遥控移动基座系统固定到空间站外的小型轨道车上，并完成了遥控移动基座系统与轨道车之间数据、电源等缆线的连接。国际空间站长达17.4米的机械臂被固定在轨道车的遥控移动基座系统上，并可随轨道车移动。6月13日进行第三次太空行走，分别到国际空间站命运号实验舱外和航天飞机机械臂顶端的工作平台上操作，他们先是卸下了机械臂的抓手，然后拆换了出现电力故障的"腕关节"，最后重新接通了电缆和其他线路。这次太空行走更换有缺陷的"腕关节"是最具技术挑战性的工作，共持续了7小时17分钟。地面控制人员对机械臂的测试表明，"腕关节"已完全恢复正常的功能。张福林圆满完成了这次太空行走任务。

张福林（左）在太空行走

张福林在维修空间站

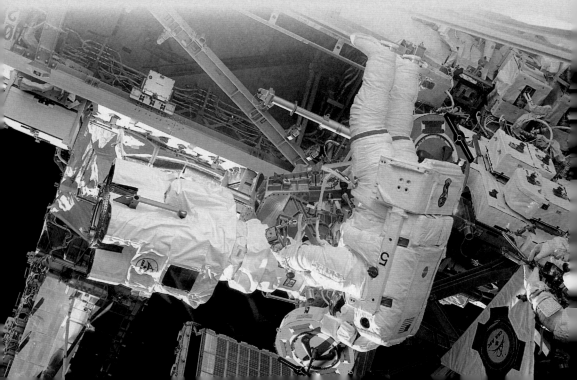

4. 首次三名航天员同时出舱活动

1992 年 5 月 7 日，美国奋进号航天飞机载 7 名航天员开始它的首次太空飞行。第一次有 3 名航天员联手出舱进行太空行走，完成回收维修一颗失效卫星的任务。

5 月 10 日，奋进号航天飞机在距地面 360 千米的轨道上以每小时 2.8 万千米的速度，从后下方接近一颗已在太空失效两年的国际通信卫星 6 号，航天员索特和希布先后出舱，其中一人站到机尾下方 15 米长的升降机械臂顶端的平台上，试图用一台弹簧捕捉装置固定到卫星的底部上去，然而在两个小时内两次尝试却因卫星的滚动而失败，这次太空行走用了 5 个小时。

5 月 11 日，这两名航天员再次出舱，用升降机去夹住卫星底部，可卫星旋转不停，第二次抢救失败。

5 月 13 日，指令长布兰登斯坦决定派 3 名航天员出舱，由两人稳住卫星，另一人操作捕捉臂抓住卫星。这一抢救方案十分危险：一是航天员从机舱到航天飞机顶部的升降臂的乘坐设计标准只是两人；二是这颗 4.5 吨的卫星在太空失重状态下虽无重量，但每 4 分钟自转一圈的惯力仍十分大；三是卫星和航天飞机都以每小时 2.8 万千米的速度绕地球运行，如果在稳定卫星时航天员所穿的舱外航天服任何地方被挂破，只要划开口子大于 0.6 厘米，航天员可能在赶回机舱之前就会有生命危险。然而，除此方案之外，别无他法可以拯救这颗卫星。于是，由索特、希布和艾克斯 3 名航天员出舱，先在航天飞机顶部的载重平台上临时搭建一个金属支架，让艾克斯站在上面，希布站在有效载荷舱侧面，索特跨在机械臂上，都把脚固定起来。3 人同时行动，用了 1 小时先稳住卫星，使它保持正确的位置。然后，希布用一只手托住卫星，用另一只手举起捕捉臂；索特抓住旋转的卫星，并把它拽进货舱。这 3 名航天员对卫星进行维修，为卫星装上一个 11.2 吨的固体燃料发动机，使它能正常运转起来。

5 月 14 日，卫星发动机点火，把维修好的卫星重新送入地球静止轨道工作。这 3 名航天员共创一次太空行走 8 小时的纪录。

1992 年 5 月 13 日，奋进号航天飞机上的航天员索特、艾克斯和希布创造了 3 人同时出舱活动的纪录。

从航天飞机内拍摄的哈勃空间望远镜

5. 在太空五次维修哈勃望远镜

　　1990年，哈勃空间望远镜被送入太空，到2009年，共有5次派航天员乘航天飞机升空进行太空行走，他们出色地完成了对哈勃望远镜的维修任务。

　　1993年12月2日，美国发射奋进号航天飞机，载7名航天员升空，第一次维修哈勃空间望远镜。航天员马斯格雷夫和霍夫曼、桑顿（女）和艾克斯分成两组，轮流出舱进行5次太空行走，历时35小时28分钟，矫正了哈勃镜的"视力"，排除了部件故障。

航天员在进行维修哈勃空间望远镜的准备工作

12月5日，马斯格雷夫和霍夫曼出舱，更换发生故障的陀螺仪，安装电子控制器和8个保险装置，拆除两块太阳能电池板。12月6日，桑顿和艾克斯出舱，安装新的太阳能电池板。12月7日，马斯格雷夫和霍夫曼再次出舱，更换哈勃镜上的宽视场行星相机和2台磁强计。12月8日，桑顿和艾克斯再次出舱，为哈勃镜安装名叫"光学矫正替换箱"的透镜，拆除一台高速测光计。

12月9日，马斯格雷夫和霍夫曼第三次出舱，展开新安装的太阳能电池板，更换了驱使这两块太阳能电池板的电子装置，最后为紫外波段探测暗淡天体的摄谱仪安装上了新的供电线路，为两台磁强计盖上了防护罩。12月10日，把维修后的哈勃镜重新放入轨道，分辨率提高了50%，完全恢复了原设计的观测能力。这次航天员太空行走营救哈勃空间望远镜，被认为是阿波罗登月计划以来难度最大的一次航天活动，而且创下了一次飞行5次太空行走的新纪录。

维修哈勃空间望远镜所使用的特殊工具

1997年2月11日，美国发射发现号航天飞机，载7名航天员上天，第二次实施哈勃空间望远镜的维修工作。航天员也是分成两组进行了5次太空行走。2月13日晚，航天员马克·李和史密斯出舱，把近红外照相机、多目标分光仪、图像摄谱仪安装到哈勃镜上，换掉原有的暗物体

航天员在维修哈勃空间望远镜

分光仪和戈达德高分辨率摄谱仪，新换的装置能详细观测黑洞、膨胀的星系、爆炸的恒星等。2月14日晚，航天员哈伯和坦纳出舱，安装一个新的导向传感器。2月15日晚，马克·李和史密斯再次出舱，安装一个新的计算机指令传输设备、一个数字记录器和一个能帮助哈勃镜从一个目标转移到另一个目标的"反应轮"。2月16日晚，哈伯和坦纳再次出舱，换掉控制哈勃镜太阳能电池板运动的电子系统。2月17日晚，马克·李和史密斯第三次出舱太空行走，修补了哈勃镜上剥落的绝缘层，在哈勃镜方向控制系统的传感器上安装保护层。4名航天员连续5天的5次太空行走，总共长达33小时11分钟。2月19日，哈勃空间望远镜整修一新，又重新释放到太空工作。

1999年12月19日，美国发射发现号航天飞机，载7名航天员上天，第三次执行维修哈勃空间望远镜的任务。哈勃镜在轨运行10年，由于陀螺仪发生故障，1999年11月3日停止了工作。这次发现号航天飞机升空后，首先由法国航天员克莱瓦用机械

臂把哈勃镜从轨道上抓获，在航天飞机的货舱里固定起来。然后由瑞士航天员尼科列尔和美国航天员福尔进行3次太空行走，排除哈勃镜的故障。12月22日第一次太空行走，更换了失灵的陀螺仪，修理了红外照相机，为新安装的陀螺仪配备新的电池。12月23日第二次太空行走，拆除了哈勃镜上的

航天飞机的机械臂举起修好的哈勃望远镜，准备让它重新上岗。

旧计算机，换上了速度提高20倍、存储容量扩大6倍的计算机，增强了哈勃镜的导航定位能力。12月24日第三次太空行走，为哈勃望远镜安装了新的无线电收发机、数据记录器和一个大型遮阳罩。经过维修的哈勃空间望远镜，又重新放回太空恢复天文观测活动。

2002年3月1日，美国哥伦比亚号航天飞机载7名航天员进入太空，第四次对哈勃空间望远镜进行大修，完成所谓"心脏移植手术"的维修任务。3月4日，在指令长奥尔特曼的指挥下，女航天员柯里操纵机械臂把哈勃望远镜拽回航天飞机货舱里，由航天员格伦斯菲尔德和利纳罕、纽曼和马西米诺分做两组，从3月4日到8日，轮换出舱进行5次太空行走。首先更换了太阳能电池板，其尺寸减少了三分之一，质量增加了一倍，能多提供25%的能量；然后更换一套电力控制设备，安装一架先进的测绘照相机，使图像的清晰度提高10倍；最后为另一台近红外照相机和多目标分光计安装新的冷却系统，使测绘仪恢复工作。这5次太空行走共历时35小时55分钟。

航天员站在机械臂上维修哈勃望远镜

2009年5月11日，美

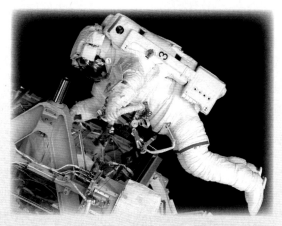
航天员将拆除的龙骨锁安装到 P1 桁架结构端头

国亚特兰蒂斯号航天飞机载 7 名航天员升空，航天员通过 5 次太空行走，执行对哈勃空间望远镜的第五次维修任务。5 月 14 日，航天员格伦斯菲尔德和福斯特进行首次太空行走，更换了相机和数据处理装置，安装了用于引导哈勃镜运行路线的对接环，这样将观察范围扩大到宇宙诞生后 5~6 亿年的场景。这次太空行走从原定 6 小时 30 分钟延长到 7 小时 20 分钟。第二次太空行走持续 7 小时 56 分钟，由航天员马西米诺和古德更换 3 个陀螺仪。第三次太空行走难度更高，由格伦斯菲尔德和福斯特配合卸下 1993 年安上的一套光轴补偿校正设备，从保险箱中取出宇宙起源光谱仪，然后安装在光轴补偿校正设备原来的位置，还更换了先进巡天照相机的电子卡，为照相机安装了新的配电盒和电缆，这次太空行走任务用了 6 小时 36 分钟。第四次太空行走是由马西米诺和古德合作，修复哈勃望远镜已停止工作的成像光谱仪。第五次太空行走是由格伦斯菲尔德和古德更换 3 块电池、一个恒星追踪传感器和热屏蔽罩。这两次太空行走用了 8 个多小时。这次维修哈勃望远镜 5 次太空行走共计 37 小时，维修后的功用比 19 年前发射时的哈勃空间望远镜强大 90 倍，其寿命至少会延长 5 年。

航天员在空间站端头移动行走

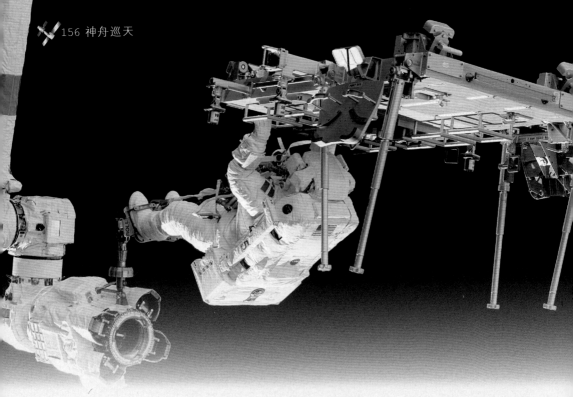

航天员准备安装的移动辅助装置用于在运输车上运送航天员和设施

航天员在P1桁架结构上进行安装工作

6. 国际空间站建设的舱外活动

　　国际空间站的建设，是用俄罗斯载人飞船和美国航天飞机载运航天员和各个部件到太空，原定经过43次载人太空飞行，航天员进行1000多小时的太空行走，才能组装完成。

　　从1998年12月到2009年11月，航天员在国际空间站的舱外活动已有108次，累计太空行走时间已有662小时3分钟。

　　1998年12月4日，美国奋进号航天飞机把国际空间站的第二个组件团结号节点舱带上太空390千米的轨道上，12月6日与俄罗斯已于11月20日发射入轨的第一个组件曙光号功能舱对接成功。奋进号上的航天员罗斯和纽曼通过3次太空行走，将两舱固定一起，连接彼此的电力供应和数据传输系统，拆除外部设备的保护罩，架设天线并按照便于未来开展舱外活动的专门装置。这次太空行走的工作，奠定了今后国际空间站建设的基础。

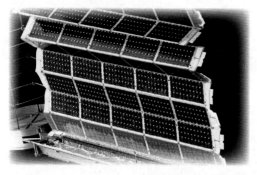

开始展开太阳电池阵　　　　航天员将两套辅助装置安装到运输车上

　　2009年1月16日，美国亚特兰蒂斯号航天飞机飞赴国际空间站，航天员进行了3次太空行走，完成为国际空间站安装设备和进行维修的任务。11月19日，航天员福尔曼和萨特尔进行了6小时37分钟的第一次太空行走。他们为空间站安装了一副备用通信天线，在空间站外安装了扶手和缆绳，对相关设备作了润滑，完成了预定任务。11月21日，航天员福尔曼和布莱斯尼克进行了6小时8分钟的第二次太空行走。他们为国际空间站安装了一套无线视频通信系统、一套重6350千克的外部备用品储藏系统。11月23日，航天员布莱斯尼克和萨特尔进行了5小时42分钟的第三次太空行走。他们将一个用来补充航天员进出空间站所损失气体的高压氧气罐从快速后勤运输装置转移到气闸舱外部的一个接点上；还安装了第七套空间站实验材料，这套实验材料首次直接利用空间站的电能以及通信系统发送指令、向地面实时传输数据。然后，又移除了气闸舱外部的一些防护罩碎片。经过这次太空行走，国际空间站的组装建设已完成90%的工作。

航天员在连接太阳电池阵的电源电缆

全家福

7. 美俄航天员的第 100 次太空行走

第三长期考察组进站

登上空间站的第一餐

2001 年 2 月 7 日，美国亚特兰蒂斯号航天飞机载 5 名航天员起飞，为国际空间站运去美国的命运号实验舱。机上两名航天员琼斯和科比姆为把 13.5 吨重的命运号实验舱装配到国际空间站上，进行了近 5 小时的出舱活动。这是美国航天员的第 100 次太空行走。

在这次太空行走中，琼斯和科比姆把一架通信天线连接在国际空间站的 Z1 桁架上，在太阳能电池板上安装一块辐射板，并在国际空间站的一个对接口和命运号实验舱之间连接上了电力和数据电缆。此外，他们还花了 30 分钟，对可能发生的航天员安全缆绳断裂或航天员无法动弹的紧急情况，借助新型载人机动装置返回国际空间站或者护送同伴返回国际空间站进行了一次演习，表明这种新型载人机动装置满足太空救生要求。

2001 年 8 月 10 日乘美国发现号航天飞机升空的俄罗斯航天员秋林和杰茹罗夫，成为国际空间站上的第三长期考察组成员。他们登上国际空间站后的第一次太空行走，是在国际空间站外安装起重机和阶梯等设施。

10 月 9 日，秋林和杰茹罗夫对 9 月由俄罗斯运载火箭送上国际空间站的码头号对接舱，迅速在舱外装置一个隔热罩和一个 1.8 米高的阶梯，以便航天员在太空行走时进出空间站。然后，他们在站外安装一个伸缩起重机，用于移动航天员和货物。这是俄罗斯航天员完成的第 100 次太空行走。

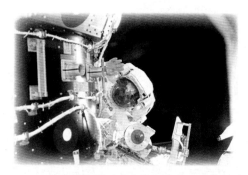

科比姆在第二次太空行走中向伙伴挥手

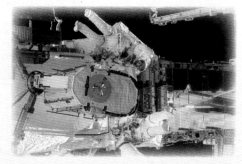

太空行走

链接
第一次太空行走的黑人航天员

1995 年 2 月 3 日，美国发现号航天飞机载 6 名航天员升空，2 月 6 日，在距地面 395 千米的轨道上与和平号空间站相会，相距 11.3 米。2 月 9 日，发现号航天飞机上的航天员哈里斯和福尔出舱进行太空行走。俄罗斯航天员季托夫操纵 15 米长的机械臂，在货舱上面将哈里斯和福尔高高吊起，他们在周围环境温差在 −75℃~85℃ 之间静站 20 分钟，试验 110 千克重的新型舱外航天服的保暖性能。20 分钟后，哈里斯使用抓杆移动刚回收到货舱 1.5 米高的"斯巴达"卫星，试验在太空失重条件下操纵大型物体的能力。哈里斯成为世界上第一个太空行走的黑人航天员。

琼斯在进行舱外行走

8.航天员安装气闸舱的太空行走

    2001 年 7 月 12 日乘亚特兰蒂斯号航天飞机上天的美国航天员格恩哈特和赖利，在国际空间站外进行太空行走，主要任务是安装运上太空的探索号气闸舱。赖利后来在描述这次太空漫步的情景时说："我最美好的回忆是用一只手吊在空间站上，然后把身体向前甩出去看地球。地球的大气层真的是完全透明的，我可以看到地面上的许多细节。有一次当我把自己吊在空间站深处时，正好是日落时分，我关上了所有的灯，看着太阳消失在地平线下。

2001 年 7 月亚特兰蒂斯号航天飞机机组成员合影

太阳一落下，星星就开始显现出来，大小不同，颜色各异，悬挂在漆黑的太空中。在夜间，还能看到地面上暴风雨中的闪电，有时还能在空间站的底部看到一道道蓝色的光。同时我们又正在飞越极光的顶端，极光是白色和绿色的，一切都非常壮观。"

机械臂安装气闸舱

赖利和格恩哈特都没有太多时间来尽情地欣赏太空美丽的风光，因为他们在舱外工作十分危险，需要高度集中注意力。在距地面300多千米高的轨道上行走，航天员的一个小小失误都可能导致他们落入无尽的苍穹。他们是国际空间站的建造者，担负着太空中建筑工的责任。在地面上，一名普通的建筑工除了一顶头盔之外并不需要太多的防护装备，而且可以自如地移动自己的胳膊，从手中落下的东西也不会

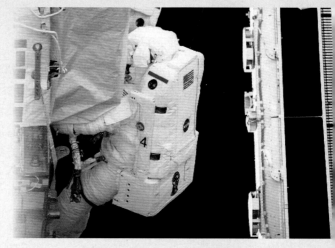

第三次太空行走

向远处飞走。在太空中一切都不同了，特别是在太空中工作要时刻记住不要动作太快，要控制节奏。航天员在地面的水池中接受训练，目的是适应在太空中的失重状态。但是在水中和在太空中并不完全一样，水是稠密的，有阻力，可减缓航天员的运动速度，但在完全真空的太空中，如果同样做在水中做的动作，就将会立即失去控制。比如拧紧螺栓，在水中训练时这很容易，但在太空中没有水来支撑身体，所以如果用力不当，反而整个人就会绕着螺栓旋转。航天员需要不断地适应，不断地练习，保持平静，不要冲动，必须随时问自己，是不是应该做得再慢些，这样才能完成航天员太空行走必须做的工作。

这次航天飞机运上国际空间站的探索号气闸舱，长5.5米，直径4米，重6.5吨，共有两个舱室，分别用作航天员执行太空行走前的更衣室和进入舱外空间的接口。格恩哈特和赖利通过三次太空行走完成安装任务。

7月16日，格恩哈特和赖利出舱，借助女航天员卡文迪在站内操纵机械臂，把探索号气闸舱拖到对接国际空间站的位置，第一次太空行走持续了近6小时。7月18日，他们两人再次出舱，为气闸舱安上了2个氧气罐和1个氮气罐，第二次太空行走用了6.5小时。7月21日第三次太空行走，检验了气闸舱是否发挥了预定的功能，并在气闸舱外面安装了最后一个氮气罐，这4个燃料罐各重540千克。

这次国际空间站安装了气闸舱，站上的航天员就可以在没有航天飞机的支持下进行太空行走了。

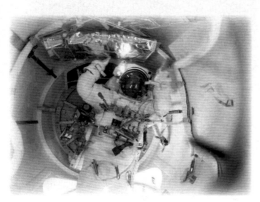

航天员在刚安装好的气闸舱内

9. 国际空间站外的第 100 次太空行走

创造历史的两位女航天员，发现号和国际空间站的指令长梅尔莱（左）和惠特森。

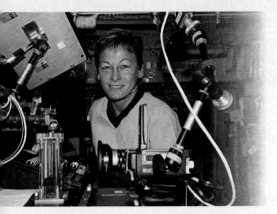

惠特森在站上工作

2007 年 10 月 9 日，美国女航天员惠特森作为国际空间站上的第 16 长期考察组站长，乘俄罗斯联盟 TMA-11 号飞船升空，并进入国际空间站进行一次长达 192 天的太空飞行。这是她第二次参加航天飞行，第一次是 2002 年 6 月 5 日乘奋进号航天飞机进入太空飞行 15 天，没有进行太空行走。而这一次她却创造了两项太空行走纪录：一是和美国航天员塔尼一起完成国际空间站上的第 100 次太空行走，二是成为太空行走累计时间最长的女航天员。

2007 年 12 月 18 日，惠特森和 12 月

第 16 长期考察组在站上，从左至右为舒库尔、马连琴科和惠特森。

13 日才乘发现号航天飞机到国际空间站的塔尼一起，进行了一次 6 小时 56 分钟的太空行走。这分别是他们的第五次太空行走。这次太空行走的主要任务，是检查国际空间站右侧太阳能电池帆板的"太阳阿尔法旋转接头"和"贝塔万向架组件"。这两个设备的作用是使太阳能电池帆板保持一直朝向太阳的方向，不过它们先后发生了不同程度的故障。前者有金属磨损现象，后者出现短路问

题，两个设备被暂停运转。旋转接头能够使太阳能电池帆板在地球轨道运行时，通过类似飞轮的部件，板面朝向太阳，跟随太阳运转；万向架组件能够使太阳能电池帆板的长轴保持平衡，更准确地对准太阳。

第 16 长期考察组出征

惠特森随塔尼走出气闸舱，站到太阳能电池帆板的一端，塔尼先出舱准备好工具。他们先检查万向架，但没有发现明显的损坏，只是电缆有些松动。在前一段时间里，万向架发生了几次断电故障，由于供给能量不足，导致位置不够稳定。惠特森把电缆重新接好固定住，不致再发生断电事故。

随后，他们又沿着桁架走到反面的太阳能电池帆板上，一起对旋转接头进行检修，在锁定装置上移开两个大部件，对天线进行检查，清理设备表面。最后，他们在地面控制人员的指挥下，又卸下了一些设备，并放回国际空间站内，结束了这次太空行走。太空行走看似轻松，但实际上次次都是历险。

惠特森的这次太空行走，是 1998 年 12 月 7 日国际空间站开建以来航天员的第 100 次太空行走，也是载人航天史上的第 289 次太空行走。特别是惠特森迄今完成 5 次太空行走，累计时间达到 32 小时 36 分钟，打破了美国女航天员威廉姆斯创造的 29 小时 17 分钟的纪录。

俄罗斯联盟 FG 火箭在拜科努尔发射场发射联盟 TMA-11 号载人飞船

2002 年 3 月哥伦比亚号航天飞机乘员组，从左至右是马希米诺、利纳汉、杜安·凯瑞（驾驶员）、阿尔特曼（指令长）、柯里（女）、格伦斯菲尔德和纽曼。

10. 航天员太空行走最长时间的纪录

2002 年 3 月 1 日，哥伦比亚号航天飞机升空，主要任务是第四次维修老化的哈勃空间望远镜。机上 7 名航天员中有 4 名进行 5 次舱外作业，其中由利纳罕和格伦斯菲尔德太空行走 3 次，安装第一块太阳能电池板、电力控制装置，为了修复 1 台出现故障的红外照相机而安装 1 台新的制冷设备；由纽曼和马希米诺太空行走 2 次，安装第二块太阳能电池板、陀螺仪反应轮装置、最先进的光学照相机。

3 月 4 日，第一次太空行走，成功地为哈勃空间望远镜更换了一块新的太阳能电池板。格伦斯菲尔德和利纳罕先将哈勃镜上原来的一块太阳能电池板卸下，把它放入航天飞机内准备带回地面，然后把一块新的太阳能电池板安装到哈勃镜上，最后将新太阳能电池板完全打开。从太空传回地面的电视图像显示电池板已开始运转。这次太空行走持续了约 7 小时。

3 月 5 日，第二次太空行走，纽曼和马希米诺为哈勃镜换上另一块太阳能电池板以及相应配件，共耗时 7 小时 16 分钟。新安装的太阳能电池板长 7 米，宽 2.7 米，尺寸只有原来太阳能电池板的三分之二，但产生的电力却要多出 20% 以上，而且在飞行中所受的阻力也相对较小，可以减少对哈勃镜运行轨道高度的影响。

3 月 6 日，第三次太空行走，格伦斯菲尔德和利纳罕为哈勃镜更换了电力控制装置。

这次舱外作业被喻为施行"心脏移植手术"，因为作业空间狭小，行动不便，而且电缆如麻，密如蛛网，仅接头就有36个之多，头绪很乱，更换工作的复杂程度不亚于心脏手术。这个装置负责哈勃镜的全部能源供应，如同人的心脏向人的全身供血一样。为防止航天员被电击，在整个"手术"期间，哈勃镜必须全部断电，而且时间不能拖得太长，如停电超过10小时，太空的低温环境有可能损坏哈勃镜上的设备。这次舱外作业风险很大，如果更换失败，整个哈勃镜将无法正常工作。格伦斯菲尔德和利纳罕配合，用3.5小时更换了电力控制装置。利纳罕负责拆除电力控制装置36个接头，实际操作十分困难，由于他戴着手套，所以经常用一把长抹刀和一个特别设计的工具来操作。格伦斯菲尔德的工作则是安装新系统。"换心手术"完毕后，新的"心脏"开始工作。第三次太空行走持续了6小时48分钟。

3月7日，第四次太空行走，为哈勃镜安装了由于太空观测的最先进的ACS光学照相机。纽曼和马希米诺在舱外作业历时7.5小时，为哈勃镜换上了新的"眼睛"。它比使用了8年的"广视野行星摄像机"视野扩大1倍，清晰度提高1倍，敏感度提高4倍，可以探测到120亿年前银河系形成时宇宙的初始阶段情景。

3月8日，第五次太空行走，由格伦斯菲尔德和利纳罕为哈勃镜安装了一套新的制冷设备，使哈勃镜上1台已经失灵3年的红外照相机能重新投入工作。这次舱外作业用了7小时20分钟。

这次哥伦比亚号航天飞机飞行期间，由4名航天员分两组进行了5次太空行走，共耗时35小时55分钟，创造了航天飞机一次飞行舱外作业总时间最长的新纪录。

纽曼在更换哈勃空间望远镜的另一个太阳能帆板

11. 在对接状态太空行走次数最多的纪录

2008年3月11日，美国发射奋进号航天飞机，载7名航天员飞往国际空间站，主要任务是为国际空间站运送和安装加拿大制造的德克斯特号特殊用途灵活操纵器和日本希望号实验舱的后勤舱—增压段。这个操纵器被称为双臂机器人（简称双臂操纵器）。在奋进号航天飞机和国际空间站的对接飞行中，航天员进行了5次太空行走，总作业时间约30小时。

3月11日，航天员利纳罕和雷斯曼走出空间站，从航天飞机货舱中移出希望号实验舱的后勤舱—增压段，由舱内航天员土井隆雄和格里特操纵航天飞机机械臂，帮助

他们把后勤舱—增压段移到国际空间站和谐号节点舱旁边的预留位置上。2.5小时后，航天员又开始安装德克斯特号双臂机器人，但由于它的电缆设计缺陷，供电发生故障。这个双臂机器人需要用电对其关节、双臂和内部电子仪器加热，否则这些部件可能会因为长时间处于太空低温环境中而受损，好在这一供电故障并未影响航天员的太空作业。航天员把德克斯特号双臂操纵器与国际空间站上的机械臂进行了连接，确认是临时电缆出现故障，就改用机械臂电力系统为德克斯特号双臂操纵器供电。第一次太空行走持续了7小时。

3月15日，航天员利纳罕和雷斯曼再次出舱，为德克斯特号双臂操纵器两侧装上双臂，完成了德克斯特号操纵器主体组装任务。第二次太空行走也持续了7小时。

3月17日，航天员利纳罕和本肯进行第三次太空行走。他们飘出探索号气闸舱，完成了德克斯特号双臂操纵器组装的扫尾工作，为其安装了工具包和相机等配件。这次太空行走仍然用了7小时。

纽曼和马希米诺在安装新相机

3月20日，航天员本肯和福尔曼

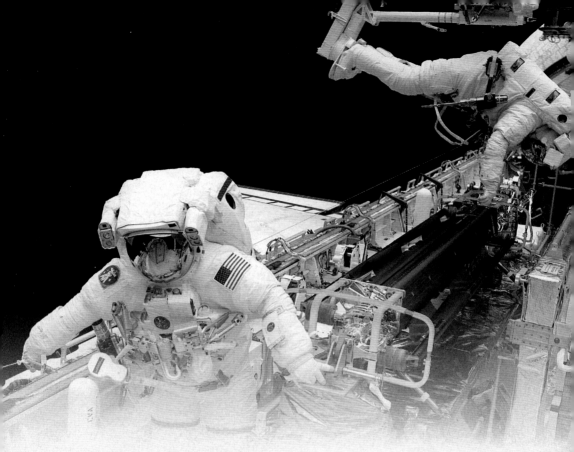

进行第四次太空行走。他们走出空间站，测试航天飞机防热瓦修复技术，用一种"防热瓦保护材料喷涂器"和航天高技术黏合材料，对航天飞机的破损防热瓦进行了修补试验。测试结束后，航天员把这些防热瓦样本取回，由航天飞机带回地面。他们两人还为空间站更换了一个断路器。

3月22日，航天员本肯和福尔曼实施第五次太空行走。他们把一根15米长的航天飞机机械臂延长吊杆安装到国际空间站上。这个延长吊杆上配备了多台传感器和相机，以辅助航天员进行防热瓦检查，任务完成后即由航天飞机带回地面。由于下一次发现号航天飞机货舱要搭载希望号实验舱的增压段和遥控机械臂系统，因此这里再无法放置延长吊杆。这次把延长吊杆暂时放置在空间站外，以供发现号飞抵空间站时使用。在太空行走中，本肯和福尔曼把延长吊杆放置到临时存放位置，把一根极长的电源线连接到延长吊杆上，以保持激光器和摄像头在未来两个月内处于合适温度，最后将延长吊杆连接到空间站外部。航天员还对被磨损零件的废屑卡住的旋转接头进行了检查。福尔曼用相机拍摄到接头上有一个小坑，表明这个旋转接头出现故障，对空间站太阳电池阵的正常使用造成了一些影响。

美国奋进号航天飞机于3月6日返回地面。这次飞行创下了航天飞机停靠国际空间站12天的最长时间纪录，同时也创造了航天飞机与国际空间站在对接状态下航天员进行太空行走次数最多的纪录。

12. 航天员再创五次太空行走纪录

2009 年 7 月 15 日，美国奋进号航天飞机升空，在与国际空间站对接的 16 天飞行中，航天员再创太空行走次数最多的纪录。

7 月 18 日，航天员沃尔夫和科普拉第一次出舱活动，持续时间 5 小时 32 分钟。他们在日本的希望号实验舱上安装了停泊装置和一个暴露设施，从实验舱上移除了绝缘层和电源电缆，在国际空间站的左舷桁架上展开一个非密封货物运输器连接系统。

7 月 20 日，航天员沃尔夫和马什本第二次出舱活动，持续时间 6 小时 53 分钟。他们在舱内加拿大女航天员佩耶特和美国航天员霍利操纵机械臂的配合下进行太空行走，安装了 3 个备件：Ku 频段天对地天线、水泵模块、线性驱动装置。马什本还为国际空间站与航天飞机之间的电力系统安装了了两个绝缘套管。

7 月 22 日，航天员沃尔夫和卡西迪第三次出舱活动，持续时间 5 小时 59 分钟。他们从希望号实验舱上移除了多层绝缘层。按计划还要为国际空间站更换 6 块 2000 年安装的镍氢电池，每块电池大小为 101 厘米 × 90 厘米 × 45 厘米，质量 170 千克，分布在空间站一侧末端，更换起来十分困难。由于卡西迪的舱外航天服内二氧化碳过滤装置发生故障，因此仅更换了两块电池，航天员就提前返回了舱内。这次太空行走缩短了 30 分钟。地面控制中心发现，卡西迪的舱外航天服内二氧化碳含量高于正常值，是由于氢氧化锂防毒面具出现了问题，但并没有致命危险。航天员在返回气闸舱之前完成了清理任务。2010 年 6 月 2 日，卡西迪在中国香港太空馆讲述自己的这次航天经历时说："那次任务中最难忘的一刻，就是打开舱门进行首次太空行走。"

7 月 24 日，航天员卡西迪和马什本第四次出舱活动，持续时间 7 小时 12 分钟。他们在 P6 桁架上安装了剩余的 4 块新电池。这样，更换的 6 块新电池按预期正常工作，旧电池被储存到一个货物运输设备里。

7 月 27 日，航天员卡西迪和马什本第五次出舱活动，持续时间 4 小时 54 分钟。他们在机械臂周围固定了多层绝缘材料，改装了两台陀螺仪的电路，为国际空间站两台控制力矩陀螺仪分离电源通道。然后，在第二次太空行走时没有完成安装的摄像机，这次在希望号实验舱暴露设施前后安装上了，这些摄像机将用于引导日本 H-2 转移飞行器与国际空间站的对接。最后，这次太空行走还完成了包括捆绑一些电缆、安装扶手和一个站立固定器等任务，为未来的出舱活动航天员创造了良好的条件。

这是美国航天飞机第 29 次执行建设国际空间站的任务。按计划，在 2011 年航天飞机退役前，航天飞机还有 7 次飞行，航天员将通过近 30 次太空行走完成修建国际空间站的任务。

结束语

载人航天飞行及太空行走，是太空中一道非常亮丽的风景线，人们都十分关注和期待每一次航天发射和载人飞行的壮举，希望目睹和了解航天员太空行走的风采。

2010年11月2日，是国际空间站迎来第一个长期考察组载人飞行10周年纪念日子。10年间，已有196人次航天员造访国际空间站，并进行了150次太空行走；在国际空间站上一天24小时、一年365天都有航天员开展科学实验活动。2010年12月15日，由俄罗斯航天员康德拉季耶夫、美国女航天员科尔曼和意大利航天员内斯波利组成的第26长期考察组乘联盟TMA–20号飞船，飞往国际空间站，与在同年10月8日到站上的第25长期考察组的3名航天员卡列里（俄）、斯克里波奇卡（俄）和凯利（美）会合，共同开展空间科学实验活动。预计2011年3月第27长期考察组到国际空间站后，第25长期考察组的3名航天员才能返回地面，这样就会保持有6名航天员在太空长期飞行。按计划，2011年美国航天飞机还有最后3次载航天员到国际空间站完成建站的工作；俄罗斯也将继续派联盟TMA型飞船到国际空间站轮换飞行。2011年以后，中国在神舟八号无人飞船与天宫一号目标飞行器实现交会对接后，将陆续有神舟九号、神舟十号飞船载人到天宫二号、天宫三号空间实验室对接飞行；日本、印度和欧洲空间局也在跃跃欲试，推进实现载人航天飞行。世界载人航天和太空行走竞相发展，将呈现更加精彩的面貌，创造新的奇迹。

本书的载人飞天和太空行走故事，只择例写到2010年底。在编写中，参考了《太空探索》、《国际太空》、《spaceflight》、《НОВАСТИ КОСМОНАВТИКИ》等刊物的文献资料。鉴于编写者的水平有限，其中有错误或不尽妥善之处，敬请指正和批评。

思考题

1. 世界上第一个进入太空飞行的载人航天器是（　　　）。
   A. 载人飞船　　　　B. 空间站　　　　C. 航天飞机

2. 世界上第一种实现载人太空飞行的是（　　　）飞船。
   A. 东方一号　　　　B. 水星六号　　　　C. 联盟一号

3. 中国神舟号是一种（　　　）舱式载人飞船。
   A. 单　　　　B. 双　　　　C. 三

4. 世界上第一艘载人上天进行太空行走的是（　　　）号飞船。
   A. 上升　　　　B. 双子星座　　　　C. 阿波罗

5. 美国阿波罗号飞船载人共有（　　　）次成功登上月球。
   A. 五　　　　B. 六　　　　C. 七

6. 世界上第一个在太空飞行中遇难的航天员是（　　　）。
   A. 加加林　　　　B. 科马罗夫　　　　C. 麦考利夫（女）

7. 美国共有（　　　）架航天飞机载人参加太空飞行。
   A. 四　　　　B. 五　　　　C. 六

8. （　　　）是第一个实现太空行走的华裔航天员。
   A. 王赣骏　　　　B. 张福林　　　　C. 焦立中

9. 美国航天飞机共有（　　　）次载航天员上天维修哈勃空间望远镜。
   A. 三　　　　B. 四　　　　C. 五

10. 世界上第一架在太空失事的航天飞机是（　　　）号。
    A. 哥伦比亚　　　　B. 挑战者　　　　C. 发现

11. 中国载人航天发射场建在（　　　）卫星发射中心。
    A. 西昌　　　　B. 太原　　　　C. 酒泉

12. （　　　）是中国第一个实现太空行走的航天员。
    A. 杨利伟　　　　B. 费俊龙　　　　C. 翟志刚

13. 目前创造在太空累计飞行时间最长纪录的航天员是（　　　）。
    A. 波利亚科夫　　　　B. 阿乌杰耶夫　　　　C. 克里卡廖夫

14. 目前创造一次太空飞行时间最长纪录的女航天员是（　　　）。
    A. 康达科娃　　　　B. 露西德　　　　C. 威廉姆斯

15. 目前仍在太空载人飞行的空间站时（　　　）。
    A. 天空实验室　　　　B. 和平号空间站　　　　C. 国际空间站